PROBABILITÉ
Exercices corrigés

Hervé Carrieu

Collection dirigée par Daniel Guin

EDP SCIENCES

17, avenue du Hoggar
Parc d'activités de Courtabœuf, BP 112
91944 Les Ulis Cedex A, France

Imprimé en France

ISBN : 978-2-7598-0006-3

TABLE DES MATIÈRES

INTRODUCTION

Ce recueil d'exercices corrigés complète le livre *Probabilité* de Ph. Barbe et M. Ledoux édité dans la même collection. Il regroupe l'ensemble des énoncés des chapitres I à VIII (excepté l'un d'eux du chapitre VIII) ; les références au cours sont notées en caractères gras et gardent la même numérotation.

Je remercie très sincèrement Philippe Barbe et Michel Ledoux de l'accueil qu'ils ont fait à ce projet de rédaction.

J'espère que cet ouvrage constituera une aide efficace et agréable aux étudiants, en leur rappelant que la recherche active de solutions d'exercices est indispensable à l'assimilation de notions nouvelles et qu'elle apporte souvent plus que la solution elle-même.

Je remercie les éditions EDP Sciences et D. Guin, directeur de la collection, d'avoir accepté et accompagné la publication de cet ouvrage.
Merci enfin à Patrice Lassère pour son aide et ses encouragements.

Cauterets, juillet 2007

Hervé Carrieu

I

THÉORIE DE LA MESURE

Énoncés

I.1 Soit E une partie (fixée) d'un ensemble Ω, et soit

$$\mathcal{E} = \{ A \in \mathcal{P}(\Omega) : A \subset E \}.$$

Déterminer l'algèbre de Boole engendrée par $\mathcal{E}$.

I.2 Si $\mathcal{A}_1$ et $\mathcal{A}_2$ sont des tribus sur Ω, on pose

$$\mathcal{J} = \{ A_1 \cap A_2 : A_1 \in \mathcal{A}_1, A_2 \in \mathcal{A}_2 \}$$
$$\mathcal{U} = \{ A_1 \cup A_2 : A_1 \in \mathcal{A}_1, A_2 \in \mathcal{A}_2 \}.$$

Démontrer que $\sigma(\mathcal{J}) = \sigma(\mathcal{A}_1 \cup \mathcal{A}_2) = \sigma(\mathcal{U})$.

I.3 Soit $(\Omega = \Omega_1 \times \Omega_2, \mathcal{A} = \mathcal{A}_1 \otimes \mathcal{A}_2)$ un espace mesuré produit. Si $A \in \mathcal{A}$, montrer que pour tout $\omega_1 \in \Omega_1$, la section $A_{\omega_1} = \{ \omega_2 \in \Omega_2 : (\omega_1, \omega_2) \in A \}$ est mesurable.

I.4 Soit $(f_n)_{n \in \mathbb{N}}$ une suite de fonctions mesurables de $(\Omega, \mathcal{A})$ dans un espace métrique (E, d) muni de sa tribu borélienne. On suppose que f_n converge ponctuellement vers f (i.e. pour tout $\omega \in \Omega$, $\lim_{n \to \infty} f_n(\omega) = f(\omega)$). Montrer que f est mesurable.

Indication : pour tout ouvert U de E et $r \in \mathbb{N}$ considérer $U_r = \{ x \in U : d(x, E \setminus U) > 1/r \}$. Vérifier que $f^{-1}(U) = \bigcup_{r,m} \bigcap_{n \geq m} f_n^{-1}(U_r)$.

I.5 Si $x = (x_1, \ldots, x_n) \in \mathbb{R}^n$, on note $\phi(x)$ le vecteur x ordonné par ordre croissant, i.e. dans le cas où tous les x_i sont distincts, on a $\phi(x) = (x_{1,n}, \ldots, x_{n,n})$, où $x_{1,n} = \min_{1 \leq i \leq n} x_i$ et

$$x_{i,n} = \min\bigl(\{\, x_i : 1 \leq i \leq n\} \setminus \{\, x_{j,n} : 1 \leq j \leq i-1 \,\}\bigr)\,, \quad 2 \leq i \leq n\,.$$

Montrer que ϕ est mesurable.

Indication : on pourra commencer par montrer que $x \mapsto x_{i,n}$ est mesurable pour tout $1 \leq i \leq n$ en considérant les ensembles $\{\, x_{i,n} \leq a \,\}$, $a \in \mathbb{R}$.

I.6 Un exemple d'ensemble non mesurable.
Sur $\mathbb{R}$ on définit la relation d'équivalence $x \sim y$ si $x - y \in \mathbb{Q}$. En utilisant l'axiome du choix (si A est une fonction sur un ensemble I telle que $A(x) \neq \emptyset$ pour tout x de I, il existe une fonction f telle que $f(x) \in A(x)$ pour tout $x \in I$), construire un ensemble $A \subset [\,0,1\,[$ qui contient exactement un point de chaque classe d'équivalence. Supposons A mesurable, et soit $\alpha = \lambda(A)$ sa mesure de Lebesgue. Montrer que si $r, s \in \mathbb{Q}$ et $r \neq s$, alors $(A+s) \cap (A+r) = \emptyset$, où $A + x = \{\, y + x : y \in A \,\}$, et que $\lambda(A+s) = \lambda(A)$. Remarquer que

$$1 = \lambda([\,0,1\,]) \leq \lambda\Bigl(\bigcup_{r \in \mathbb{Q} \cap]-1,1[} (A+r)\Bigr) \leq \lambda([\,-1,2\,]) = 3\,.$$

En utilisant la σ-additivité de λ, montrer que cette inégalité conduit d'une part à $\alpha = 0$, d'autre part à $\alpha > 0$. Conclure.

I.7 Théorème d'Egorov.
Soit $(\Omega, \mathcal{A}, \mu)$ un espace mesuré tel que $\mu(\Omega) < \infty$; on considère des applications f, f_n, $n \in \mathbb{N}$, de Ω dans $\mathbb{R}$, telles que $f_n \to f$ μ-p.p., c'est-à-dire, telles que

$$\mu\bigl(\{\, \omega : f_n(\omega) \not\to f(\omega) \,\}\bigr) = 0\,.$$

a) Pour $n \in \mathbb{N}$ et $\varepsilon > 0$, soit $G_{n,\varepsilon} = \{\, \omega \in \Omega : |f_n(\omega) - f(\omega)| \geq \varepsilon \,\}$ et $E_{n,\varepsilon} = \bigcup_{m \geq n} G_{m,\varepsilon}$. Démontrer que pour tout $\varepsilon > 0$,

$$\mu\Bigl(\bigcap_n \bigcup_{m \geq n} G_{m,\varepsilon}\Bigr) = 0$$

et en déduire que $\lim_{n \to \infty} \mu(E_{n,\varepsilon}) = 0$.

b) Déduire de la question précédente que pour tous $\varepsilon, \delta > 0$, il existe $n_0 \in \mathbb{N}$ et $B_{\varepsilon,\delta} \in \mathcal{A}$ tels que $\mu(B_{\varepsilon,\delta}) \leq \delta$ et pour tout $\omega \in \Omega \setminus B_{\varepsilon,\delta}$ et tout $n \geq n_0$, $|f_n(\omega) - f(\omega)| \leq \varepsilon$.

c) Soit $\alpha > 0$; pour tout entier $p \geq 1$, on pose $\varepsilon_p = 1/p$, $\delta_p = \alpha/2^p$, $A_p = B_{\varepsilon_p,\delta_p}$ et $A = \bigcup_{p\geq 1} A_p$. Démontrer que $\mu(A) \leq \alpha$ et que $f_n \to f$ uniformément sur $\Omega \setminus A$.

I.8 Soit $(\Omega, \mathcal{A}, \mu)$ un espace mesuré. Une partie $N \subset \Omega$ est dite μ-négligeable si elle est contenue dans un ensemble mesurable A tel que $\mu(A) = 0$. La tribu $\mathcal{B}$ est dite complète pour μ si elle contient tous les ensembles négligeables.
Si $\mathcal{N}$ désigne l'ensemble des parties μ-négligeables, soit

$$\mathcal{A}_\mu = \{\, A \cup N \,;\, A \in \mathcal{A} \,,\, N \in \mathcal{N} \,\} \,.$$

Montrer que $\mathcal{A}_\mu$ est une tribu, appelée la tribu μ-complétée de $\mathcal{A}$.

I.9 Soient X et Y deux espaces topologiques munis respectivement des tribus boréliennes $\mathcal{B}_X$ et $\mathcal{B}_Y$, μ une mesure sur $\mathcal{B}_X$, et $f : X \to Y$ une fonction continue μ-p.p., c'est-à-dire telle que l'ensemble $N = \{\, x \in X \,:\, f \text{ discontinue en } x \,\}$ soit μ-négligeable. Démontrer que f est mesurable de $(X, \overline{\mathcal{B}}_X)$ dans $(Y, \mathcal{B}_Y)$ où $\overline{\mathcal{B}}_X$ est la tribu complétée de $\mathcal{B}_X$ par rapport à μ.

Solutions

I.1 Notons $\mathcal{A}$ l'algèbre de Boole engendrée par $\mathcal{E}$. Il est clair que $\mathcal{A}$ contient toutes les parties de E et toutes les parties de Ω contenant $\overline{E}$, c'est-à-dire :

$$\{A \in \mathcal{P}(\Omega),\ A \subset E \text{ ou } A \supset \overline{E}\}.$$

Et ce dernier ensemble de parties est une algèbre de Boole. Ainsi

$$\mathcal{A} = \{A \in \mathcal{P}(\Omega),\ A \subset E \text{ ou } A \supset \overline{E}\}.$$

Remarque : c'est aussi l'ensemble de toutes les parties A de Ω vérifiant

$$A \cap \overline{E} = \overline{E} \quad \text{ou} \quad A \cap \overline{E} = \emptyset.$$

I.2 Remarquons que les complémentaires d'ensemble de $\mathcal{J}$, c'est-à-dire les ensembles de la forme $\overline{(A_1 \cap A_2)} = \overline{A_1} \cup \overline{A_2}$, sont dans $\mathcal{U}$. Cela implique que $\sigma(\mathcal{J}) \subset \sigma(\mathcal{U})$. Par le même argument on a l'inclusion réciproque et donc l'égalité de ces deux tribus.
De plus, puisque $\mathcal{J}$ contient $\mathcal{A}_1$ et $\mathcal{A}_2$ (car $A = A \cap \Omega$), on a $\sigma(\mathcal{A}_1 \cup \mathcal{A}_2) \subset \sigma(\mathcal{J})$. Enfin, une tribu étant stable par union, l'inclusion de $\mathcal{A}_1$ et $\mathcal{A}_2$ dans $\sigma(\mathcal{A}_1 \cup \mathcal{A}_2)$ montre que $\sigma(\mathcal{U}) \subset \sigma(\mathcal{A}_1 \cup \mathcal{A}_2)$. Ainsi

$$\sigma(\mathcal{J}) = \sigma(\mathcal{A}_1 \cup \mathcal{A}_2) = \sigma(\mathcal{U}). \qquad \square$$

I.3 Soit $\mathcal{M}$ l'ensemble

$$\mathcal{M} = \{A \in \mathcal{A},\ \forall \omega_1 \in \mathcal{A}_1,\ A_{\omega_1} \in \mathcal{A}_2\}.$$

Il est clair que $\mathcal{M}$ contient tous les pavés de $\mathcal{A}_1 \otimes \mathcal{A}_2$.
Vérifions que $\mathcal{M}$ est une tribu.

- $\Omega \in \mathcal{M}$ car $\Omega_2 \in \mathcal{A}_2$.
- Pour tout $A \in \mathcal{M}$ et tout $\omega_1 \in \Omega_1$, on a $\left(\overline{A}\right)_{\omega_1} = \overline{(A_{\omega_1})} \in \mathcal{A}_2$.
- Pour toute suite $(A_n)_n$ de parties de $\mathcal{M}$ et tout $\omega_1 \in \Omega_1$, on a

$$\left(\bigcup_n A_n\right)_{\omega_1} = \bigcup_n (A_n)_{\omega_1} \in \mathcal{A}_2.$$

Par définition de la tribu $\mathcal{A}_1 \otimes \mathcal{A}_2$, on en déduit que $\mathcal{M} = \mathcal{A}$. $\square$

I.4 On suppose donc que $\forall\omega \in \Omega,\ f_n(\omega) \to f(\omega)$. Par la **Proposition I.1.14**, il suffit de vérifier que, quel que soit l'ouvert $U \subset E$, $f^{-1}(U) \in \mathcal{A}$. Or pour tout $\omega \in \Omega$:

$$\begin{aligned}\omega \in f^{-1}(U) &\iff f(\omega) \in U\\ &\iff \lim_n f_n(\omega) \in U\\ &\iff \exists r \in \mathbb{N}^*,\ f_n(\omega) \in U_r \text{ à partir d'un certain rang } m\\ &\iff \omega \in \bigcup_{r,m}\bigcap_n f_n^{-1}(U_r).\end{aligned}$$

Or quels que soient n et r, $f_n^{-1}(U_r) \in \mathcal{A}$, donc $f^{-1}(U) \in \mathcal{A}$. □

I.5 Pour tout $a \in \mathbb{R}$,

$$\{x_{i,n} \leq a\} = \bigcup_I \left(\bigcap_{k\in I}\{x_k \leq a\}\right),$$

où I parcourt l'ensemble des parties à i éléments de l'ensemble $\{1, 2, \ldots, n\}$.
La fonction $x \mapsto x_{i,n}$ est alors mesurable (voir **Exemples I.1.8** et **Proposition I.1.14**).
Enfin, par la **Proposition I.2.1**, ϕ est mesurable. □

I.6 S'il existe $x, y \in A$, distincts, tels que $x + r = y + s$, alors x et y sont dans la même classe d'équivalence, ce qui contredit la définition de A. D'où $(A + r) \cap (A + s) = \emptyset$. On en déduit que la réunion

$$\bigcup_{r\in\mathbb{Q}\cap]-1,1[} (A + r)$$

est une réunion de parties disjointes deux à deux.
D'autre part, la mesure de Lebesgue étant invariante par translation, quel que soit r, $\lambda(A + r) = \lambda(A) = \alpha$. D'où

$$\lambda\Big(\bigcup_{r\in\mathbb{Q}\cap]-1,1[} (A + r)\Big) = \sum_{r\in\mathbb{Q}\cap]-1,1[} \lambda(A) = \sum_{r\in\mathbb{Q}\cap]-1,1[} \alpha. \tag{I.1}$$

Étant donné que

$$\bigcup_{r\in\mathbb{Q}\cap]-1,1[} (A + r) \subset [-1, 2],$$

on a nécessairement

$$\lambda\Big(\bigcup_{r\in\mathbb{Q}\cap]-1,1[}(A+r)\Big)\leq 3,$$

et la somme dans (I.1) est donc bornée, d'où $\alpha = 0$.
Enfin, par construction de A,

$$\bigcup_{r\in\mathbb{Q}\cap]-1,1[}(A+r)\supset[0,1],$$

d'où

$$\lambda\Big(\bigcup_{r\in\mathbb{Q}\cap]-1,1[}(A+r)\Big)\geq 1.$$

Ce qui contredit l'assertion $\alpha = 0$. Donc la partie A n'est pas mesurable.

I.7

a) Notons E l'ensemble mesurable sur lequel la suite d'applications converge et soit ε strictement positif. Par définition, on a

$$\forall\omega\in E,\ \exists n\in\mathbb{N},\ \forall m\geq n,\ |f_m(\omega)-f(\omega)|<\varepsilon.$$

Autrement dit

$$E\subset\bigcup_n\bigcap_{m\geq n}\overline{G_{m,\varepsilon}}.$$

Or $\mu(E)=1$ donc

$$\mu\left(\bigcup_n\bigcap_{m\geq n}\overline{G_{m,\varepsilon}}\right)=1.$$

Prenant l'évènement contraire, on a

$$\mu\left(\bigcap_n\bigcup_{m\geq n}G_{m,\varepsilon}\right)=0.$$ □

Remarquons que cet évènement de mesure nulle est décrit comme l'intersection d'une suite décroissante d'évènements, car la suite $(\bigcup_{m\geq n}G_{m,\varepsilon})_n$ est décroissante, et la mesure μ étant finie, on a (voir **Proposition I.4.3.(iv)**) :

$$\mu\left(\bigcap_n\bigcup_{m\geq n}G_{m,\varepsilon}\right)=\lim_n\mu\left(\bigcup_{m\geq n}G_{m,\varepsilon}\right)=\lim_n\mu\left(E_{n,\varepsilon}\right)=0.$$ □

b) Soit $\delta > 0$ et $n_0 \in \mathbb{N}$ vérifiant :

$$\forall n \geq n_0,\ \mu(E_{n,\varepsilon}) < \delta.$$

On pose $B_{\varepsilon,\delta} = E_{n_0,\varepsilon}$ et donc $\mu(B_{\varepsilon,\delta}) \leq \delta$.
D'autre part si $\omega \in \Omega \setminus B_{\varepsilon,\delta}$ alors, quel que soit $n \geq n_0$, $\omega \in \overline{G_{n,\varepsilon}}$ et donc

$$\forall \omega \in \Omega \setminus B_{\varepsilon,\delta},\ \forall n \geq n_0,\ |f_n(\omega) - f(\omega)| < \varepsilon.$$ □

c) L'ensemble mesurable A vérifie :

$$\mu(A) \leq \sum_{p \geq 1} \mu(A_p) \leq \frac{\alpha}{2^p} = \alpha.$$

Montrons alors que la suite $(f_n))$ converge uniformément sur $\Omega \setminus A$.
Soit $\varepsilon > 0$ et soit $p_0 \in \mathbb{N}$ vérifiant $1/p_0 < \varepsilon$. On a

$$\omega \notin A \Longrightarrow \forall p,\ \omega \in \overline{A_p}.$$

En particulier $\omega \in \overline{A_{p_0}}$ et donc par construction de A_p, il existe un $n_0 \in \mathbb{N}$ tel que :

$$\forall \omega \in \Omega \setminus A,\ \forall n \geq n_0,\ |f_n(\omega) - f(\omega)| \leq \frac{1}{p} < \varepsilon.$$

Donc la suite (f_n) converge uniformément vers f sur $\Omega \setminus A$. □

I.8 Soit $(A_n)_{n \in \mathbb{N}}$ une suite de parties de $\mathcal{A}_\mu$. On pose alors

$$A_n = A_n^1 \cup N_n^1, \quad \text{avec} \quad A_n^1 \in \mathcal{A},\ N_n^1 \subset N_n^2 \in \mathcal{A} \quad \text{et} \quad \mu(N_n^2) = 0.$$

On a

$$\bigcup_n A_n = \underbrace{\left(\bigcup_n A_n^1\right)}_{\in \mathcal{A}} \cup \underbrace{\left(\bigcup_n N_n^1\right)}_{\in \mathcal{N}},$$

où $\cup_n N_n^1 \in \mathcal{N}$ car

$$\bigcup_n N_n^1 \subset \bigcup_n N_n^2 \quad \text{et} \quad \mu\left(\bigcup_n N_n^2\right) \leq \sum_n \mu(N_n^2) = 0.$$

On en déduit que $\cup A_n \in \mathcal{A}_\mu$.
Concernant le passage au complémentaire, pour A élément de $\mathcal{A}_\mu$, on pose

$$A = A_1 \cup N_1 \quad \text{avec} \quad A_1 \in \mathcal{A},\ N_1 \subset N_2 \quad \text{et} \quad \mu(N_2) = 0.$$

On a

$$\overline{A} = \overline{A_1 \cup N_1} = \overline{A_1} \cap \overline{N_1}.$$

Il est clair que $\overline{A_1} \in \mathcal{A}$ et d'autre part

$$\overline{N_1} = \overline{N_2} \cup \left(\overline{N_1} \setminus \overline{N_2}\right).$$

Or $\overline{N_1} \setminus \overline{N_2} = N_2 \setminus N_1 \in \mathcal{N}$ car inclus dans N_2. On obtient donc

$$\overline{A} = \underbrace{\left(\overline{A_1} \cap \overline{N_2}\right)}_{\in \mathcal{A}} \cup \underbrace{\left(\overline{A_1} \cap \left(\overline{N_1} \setminus \overline{N_2}\right)\right)}_{\in \mathcal{N}} \in \mathcal{A}_\mu.$$

Enfin, il est évident que $\Omega \in \mathcal{A}_\mu$, donc $\mathcal{A}_\mu$ est une tribu. □

I.9 On rappelle que f est continue en x si quel que soit W, voisinage de $f(x)$ dans Y, $f^{-1}(W)$ est un voisinage de x dans X.
Pour tout ouvert O de Y, on a

$$f^{-1}(O) = \left(f^{-1}(O) \cap (X \setminus N)\right) \cup \left(f^{-1}(O) \cap N\right). \tag{I.2}$$

Si f continue en x avec, de plus $f(x) \in O$, alors O étant un voisinage de $f(x)$, $f^{-1}(O)$ est un voisinage de x. Donc $f^{-1}(O) \cap (X \setminus N)$ est un ouvert.
D'autre part $f^{-1}(O) \cap N$ est μ-négligeable car inclus dans N.
Par (I.2), $f^{-1}(O)$ est la réunion d'un ouvert et d'un μ-négligeable, donc est mesurable. □

II

INTÉGRATION

Énoncés

II.1 Un exemple de fonction Lebesgue intégrable qui n'est pas Riemann intégrable : $f(x) = \mathbb{1}_{\mathbb{Q}\cap[0,1]}(x),\ x \in [0,1]$. Montrer que $\int f\,d\lambda = 0$ mais que f n'est pas Riemann intégrable sur $[0,1]$.

II.2 Soit $(\Omega, \mathcal{A}, \mu)$ un espace mesuré, et soient A et B deux éléments de $\mathcal{A}$. Examiner le lemme de Fatou sur l'exemple suivant : $f_{2n} = \mathbb{1}_A$, $f_{2n+1} = \mathbb{1}_B$.

II.3 Soit μ une mesure de probabilité sur $I = [0,1]$. On note

$$m = \int_I x\,d\mu(x), \qquad v = \int_I (x-m)^2\,d\mu(x),$$
$$a = \int_I x^2\,d\mu(x) - m^2, \qquad b = \Big(\frac{1}{2} - m\Big)^2 + \int_I x(1-x)\,d\mu(x).$$

Exprimer v et b en fonction de a. En déduire que $a \le 1/4$ et que $a = 1/4$ pour une unique mesure μ que l'on déterminera.

II.4 Soit $(\Omega, \mathcal{A}, \mu)$ un espace mesuré, f, f_n, $n \in \mathbb{N}$, des fonctions mesurables positives intégrables. On suppose que

$$f_n \to f \quad \mu\text{-p.p.} \qquad \text{et} \qquad \lim_{n\to\infty} \int f_n\,d\mu = \int f\,d\mu\,.$$

En utilisant l'inégalité $(f - f_n)^+ \le f$, démontrer que $\lim_{n\to\infty} \int (f - f_n)^+\,d\mu = 0$. En déduire que $f_n \to f$ dans $\mathrm{L}^1(\mu)$.

II.5 Soit $\mathcal{C}_K^\infty(\mathbb{R})$ l'ensemble des fonctions sur $\mathbb{R}$, infiniment différentiables, à support compact. Montrer que si A est intervalle ouvert, alors $\mathbb{1}_A$ est limite simple de fonctions dans $\mathcal{C}_K^\infty(\mathbb{R})$, majorées par 1.

Indication : on pourra d'abord considérer l'intervalle $[0,1]$ et les fonctions

$$x \mapsto \begin{cases} \exp(-\varepsilon/x(1-x)) & , \text{ si } x \in]0,1[\\ 0 & , \text{ si } x \notin]0,1[. \end{cases}$$

En déduire que $\sigma(\mathcal{C}_K^\infty(\mathbb{R})) = \mathcal{B}(\mathbb{R})$ et qu'une mesure μ est caractérisée par la donnée de $\int f\, d\mu$ pour toute fonction $f \in \mathcal{C}_K^\infty(\mathbb{R})$.

II.6 Si $\mu_1 \ll \mu_2 \ll \mu_3$, montrer que $\dfrac{d\mu_1}{d\mu_3} = \dfrac{d\mu_1}{d\mu_2}\dfrac{d\mu_2}{d\mu_3}$, μ_3 p.p. Si de plus $\mu_2 \ll \mu_1$, alors $\dfrac{d\mu_2}{d\mu_1} = \left(\dfrac{d\mu_1}{d\mu_2}\right)^{-1}$, μ_1 p.p. et μ_2 p.p.

II.7 Cet exercice montre que le dual topologique de $\mathrm{L}^\infty([0,1],\mathcal{B}([0,1]),\lambda) = \mathrm{L}^\infty$ n'est pas $\mathrm{L}^1([0,1],\mathcal{B}([0,1]),\lambda) = \mathrm{L}^1$. En effet, $\mathcal{C}[0,1] \subset \mathrm{L}^\infty \subset (\mathrm{L}^1)^*$ où * désigne le dual. La masse de Dirac δ_0 est dans le dual de $\mathcal{C}[0,1]$ par la dualité $\langle \delta_0, f\rangle = \int f\, d\delta_0 = f(0)$. De plus la norme de $\delta_0 \in \mathcal{C}[0,1]^*$ est 1. Par le théorème de Hahn-Banach, montrer que l'on peut prolonger δ_0 en une forme linéaire Λ sur L^∞, de norme 1. Prouver que Λ n'est pas dans L^1.

II.8 Soit $\mathrm{L}^1([0,1],\lambda)$ l'espace des fonctions réelles intégrables pour la mesure de Lebesgue λ sur $[0,1]$. On considère la suite de fonctions

$$a_n(t) = 2 + \sin(nt)\,, \qquad t \in \mathbb{R}\,, \quad n \in \mathbb{N}\,.$$

a) Démontrer que pour toute fonction f de $\mathrm{L}^1([0,1],\lambda)$, on a

$$\lim_{n\to\infty} \int_{[0,1]} f(t) a_n(t)\, d\lambda(t) = 2 \int_{[0,1]} f(t)\, d\lambda(t)\,.$$

Indication : utiliser la densité des fonctions de classe $\mathcal{C}^1$ dans $\mathrm{L}^1([0,1],\lambda)$ et intégrer par parties.

b) Démontrer que pour toute fonction f de $\mathrm{L}^1([0,1],\lambda)$, on a

$$\lim_{n\to\infty} \int_{[0,1]} \frac{f(t)}{a_n(t)}\, d\lambda(t) = \beta \int_{[0,1]} f(t)\, d\lambda(t)$$

où $\beta = (2\pi)^{-1} \int_0^{2\pi} (2+\sin u)^{-1} du$.

Indication : utiliser la densité des fonctions en escalier dans $L^1([0,1],\lambda)$.

c) Prouver que $\beta \neq 1/2$.

II.9 Sur un espace mesuré $(\Omega, \mathcal{A}, \mu)$, soient f et g deux fonctions intégrables positives ou nulles telles que $\int f \, d\mu = \int g \, d\mu = 1$. On définit les mesures (de probabilité) P et Q de densités f et g par rapport à μ. Si $\|P - Q\|$ désigne la distance en variation totale définie par

$$\|P - Q\| = \sup_{A \in \mathcal{A}} \left| P(A) - Q(A) \right| ,$$

démontrer que

$$\|P - Q\| = \frac{1}{2} \int |f - g| \, d\mu \, .$$

Solutions

II.1 L'ensemble $\mathbb{Q} \cap [0,1]$ est dénombrable, donc de mesure de Lebesgue nulle. La fonction f est nulle λ-presque partout donc son intégrale de Lebesgue est nulle.
En revanche si $\mathcal{E}$ désigne l'ensemble des fonctions en escaliers sur $[0,1]$, on a

$$\sup \left\{ \int_0^1 u(x)\,dx, \ u \in \mathcal{E}, u \leq f \right\} = 0 \quad \text{et} \quad \inf \left\{ \int_0^1 v(x)\,dx, \ v \in \mathcal{E}, v \geq f \right\} = 1.$$

Ce qui prouve que la fonction f n'est Riemann intégrable sur $[0,1]$. □

II.2 Pour la suite (f_n) définie par $f_{2n} = \mathbb{1}_A$ et $f_{2n+1} = \mathbb{1}_B$, on a

$$\liminf f_n = \mathbb{1}_{A \cap B}.$$

Le lemme de Fatou :

$$\int \liminf_n f_n(t)\,dt \leq \liminf_n \int f_n(t)\,dt,$$

donne donc ici :

$$P(A \cap B) \leq \inf\{\,P(A), P(B)\,\}.$$

II.3 Par des calculs élémentaires, on obtient :

$$v = a \quad \text{et} \quad b = \frac{1}{4} - a.$$

D'autre part $\int_I x(1-x)\,d\mu(x) \geq 0$ car la mesure μ est portée par $[0,1]$. Donc b est positif et $a \leq \frac{1}{4}$.
Si $\mu = \frac{1}{2}(\delta_0 + \delta_1)$ alors $m = 1/2$ et on a

$$b = \left(\frac{1}{2} - m\right)^2 + \int_I x(1-x)\,d\mu(x) = 0.$$

Pour prouver l'unicité de μ, il suffit de remarquer que $a = 1/4$ implique $b = 0$ et par suite

$$m = 1/2 \quad \text{et} \quad \int_I x(1-x)\,d\mu(x) = 0.$$

Ainsi, la mesure μ est portée par l'ensemble $\{\,0, 1\,\}$. D'autre part $\int_I x\,dx = 1/2$, donc $\mu(0) = \mu(1)$, d'où $\mu = \frac{1}{2}(\delta_0 + \delta_1)$. □

II.4 On applique ici le théorème de la convergence dominée à la suite $(f-f_n)^+$:

$$(f-f_n)^+ \xrightarrow[n\to\infty]{\mu\text{-p.p}} 0 \quad \text{et} \quad |(f-f_n)^+| = (f-f_n)^+ \leq f \text{ intégrable}$$

d'où

$$\int (f-f_n)^+ \, d\mu \xrightarrow[n\to\infty]{} 0.$$

Le même raisonnement vaut aussi pour $(f-f_n)^-$ et donc

$$\int |(f-f_n)| \, d\mu = \int (f-f_n)^+ \, d\mu + \int (f-f_n)^- \, d\mu \xrightarrow[n\to\infty]{} 0. \qquad \square$$

II.5 On pose $\varepsilon = 1/n$ et on définit la suite de fonctions $(f_n)_n$ par :

$$f_n(x) = \begin{cases} \exp\left(-\frac{1}{n\,x(1-x)}\right) & , \text{ si } x \in]0,1[\\ 0 & , \text{ sinon.} \end{cases}$$

Pour tout n, $f_n \in \mathcal{C}_K^\infty(\mathbb{R})$ et, de plus,

$$0 \leq f_n \leq 1 \quad \text{et} \quad \forall t \in \mathbb{R},\ f_n(t) \xrightarrow[n]{} \mathbb{1}_{]0,1[}(t).$$

Toute limite simple de fonctions mesurables est mesurable, donc $]0,1[\in \sigma(\mathcal{C}_K^\infty(\mathbb{R}))$. On en déduit que tout intervalle $]a,b[$ est dans $\sigma(\mathcal{C}_K^\infty(\mathbb{R}))$ car :

$$\forall t \in \mathbb{R},\ f_n(a+t(b-a)) \xrightarrow[n]{} \mathbb{1}_{]a,b[}(t).$$

Donc $\sigma(\mathcal{C}_K^\infty(\mathbb{R}))$ contient tous les intervalles ouverts. De plus tout ouvert est réunion dénombrable de ses composantes connexes qui sont des intervalles ouverts donc $\sigma(\mathcal{C}_K^\infty(\mathbb{R})) \supset \mathcal{B}(\mathbb{R})$. Le caractère minimal de $\sigma(\mathcal{C}_K^\infty(\mathbb{R}))$ implique que $\sigma(\mathcal{C}_K^\infty(\mathbb{R}) = \mathcal{B}(\mathbb{R})$. $\square$

Par convergence dominée, on a

$$\int f_n(a+t(b-a)))\, d\mu \to \mu(]a,b[).$$

La connaissance de $\int f\,d\mu$ pour toute fonction $f \in \mathcal{C}_K^\infty(\mathbb{R})$ nous donne $\mu(I)$ pour tout intervalle ouvert et donc pour tout intervalle. On connaît ainsi la mesure μ sur l'algèbre de Boole des réunions finies d'intervalles : μ est alors fixée sur la tribu des boréliens. (voir **Proposition I.4.7**) $\square$

II.6 Notons $g = \frac{d\mu_1}{d\mu_2}$ et $f = \frac{d\mu_2}{d\mu_3}$. On peut écrire :

$$\mu_1 \underset{g}{\ll} \mu_2 \underset{f}{\ll} \mu_3. \tag{II.1}$$

Pour tout évènement A, on a

$$\mu_1(A) = \int_A g(t)\, d\mu_2(t) \quad \text{et} \quad \mu_2(A) = \int_A f(t)\, d\mu_3(t).$$

D'après la Proposition I.2.7, la fonction g est limite d'une suite croissante de fonctions étagées qu'on note $(g_n)_n$. Pour n fixé, g_n s'écrit $\sum_i \alpha_i \mathbb{1}_{A_i}$ où la somme est finie. On a :

$$\begin{aligned}
\int_A g_n(t)\, f(t)\, d\mu_3(t) &= \int_A \big(\sum_i \alpha_i \mathbb{1}_{A_i}(t)\big) f(t)\, d\mu_3(t) \\
&= \sum_i \alpha_i \int_{A_i} f(t)\, d\mu_3(t) \\
&= \sum_i \alpha_i\, \mu_2(A \cap A_i) \\
&= \int_A g_n(t)\, d\mu_2(t) \\
&\xrightarrow[n\to\infty]{} \int_A g(t)\, d\mu_2(t) = \mu_1(A).
\end{aligned}$$

D'autre part, toujours par convergence monotone, on a

$$\int_A g_n(t)\, f(t)\, d\mu_3(t) \xrightarrow[n\to\infty]{} \int_A f(t)\, g(t)\, d\mu_3(t).$$

Donc

$$\mu_1(A) = \int_A g(t)\, d\mu_2(t) = \int_A f(t)\, g(t)\, d\mu_3(t).$$ □

Dans le cas où μ_3 est elle-même absolument continue par rapport à μ_1, l'assertion (II.1) devient

$$\mu_1 \underset{g}{\ll} \mu_2 \underset{f}{\ll} \mu_1.$$

Et le résultat précédent donne $f(t)\cdot g(t) = 1$. On a donc bien $\dfrac{d\mu_2}{d\mu_1} = \left(\dfrac{d\mu_1}{d\mu_2}\right)^{-1}$.

□

II.7 La forme linéaire $\delta_0 : C[0,1] \to \mathbb{R}$, $f \mapsto f(0)$ est continue de norme 1 et, d'après le théorème Hahn-Banach, elle se prolonge en une forme linéaire continue sur L^∞, que l'on note Δ. On va montrer par l'absurde qu'il n'existe pas de fonction $h \in \mathrm{L}^1$ telle que

$$\forall f \in \mathrm{L}^\infty,\ \Delta(f) = \int_0^1 f(t)h(t)\,dt.$$

On suppose donc l'existence d'une telle fonction et on considère la suite de fonctions (f_n) définies par

$$f_n(t) = \begin{cases} 1 - nt & ,\ 0 \le t \le 1/n \\ 0 & ,\ t > 1/n. \end{cases}$$

Quel que soit n, la fonction f_n est continue et donc pour tout $n \in \mathbb{N}$, $\Delta(f_n) = f_n(0) = 1$. Or la fonction $f_n\,h$ converge simplement vers 0 sur $]0,1]$ et

$$\forall n \in \mathbb{N},\ |f_n\,h| \le |h|.$$

D'où, par convergence dominée,

$$\int_0^1 f_n(t)h(t)\,dt \underset{n}{\to} 0,$$

ce qui contredit $\Delta(f_n) = 1$.
On en déduit que Δ ne peut être identifiée à un élément de L^1 et donc que

$$\mathrm{L}^1 \underset{\neq}{\subset} (\mathrm{L}^\infty)^*.$$ □

II.8

a) Pour $f \in \mathcal{C}^1([0,1])$, on a

$$\int_0^1 f(t)a_n(t)\,dt = 2\int_0^1 f(t)\,dt + \int_0^1 f(t)\sin(nt)\,dt,$$

et par une intégration par parties, on obtient

$$\int_0^1 f(t)\sin(nt)\,dt = \left[-\frac{\cos(nt)}{n}\right]_0^1 + \frac{1}{n}\int_0^1 f'(t)\cos(nt)\,dt.$$

Or

$$\left|\frac{1}{n}\int_0^1 f'(t)\cos(nt)\,dt\right| \le \frac{1}{n}\int_0^1 |f'(t)|\,dt \xrightarrow[n\to+\infty]{} 0.$$

On obtient donc

$$\int_0^1 f(t)\sin(nt)\,dt \xrightarrow[n\to+\infty]{} 0,$$

et finalement :

$$\int_0^1 f(t)a_n(t)\,dt \xrightarrow[n\to+\infty]{} 2\int_0^1 f(t)\,dt \quad \text{pour } f\in \mathcal{C}^1([0,1]).$$

Soit maintenant $f \in \mathrm{L}^1([0,1],\lambda)$ et une suite $(f_k)_k \geq 0$ d'éléments de $\mathcal{C}^1([0,1])$ vérifiant $\|f-f_k\|_1 \leq \frac{1}{k}$ (par densité de $C^1([0,1])$ dans $\mathrm{L}^1([0,1],\lambda)$).

En remarquant que $\|a_n\|_\infty \leq 3$, on écrit :

$$\left|\int_0^1 (f(t)-f_k(t))a_n(t)\,dt\right| \leq \frac{1}{k}\,\|a_n\|_\infty \leq \frac{3}{k},$$

d'où

$$\left|\int_0^1 f(t)a_n(t)\,dt - \int_0^1 f_k(t)a_n(t)\,dt\right| \leq \frac{3}{k}.$$

Soit ε strictement positif. On considère l'inégalité

$$\begin{aligned}\left|\int_0^1 f(t)\,a_n(t)\,dt - 2\int_0^1 f(t)\,dt\right| &\leq \left|\int_0^1 f(t)a_n(t)\,dt - \int_0^1 f_k(t)a_n(t)\,dt\right| \\ &+ \left|\int_0^1 f_k(t)a_n(t)\,dt - 2\int_0^1 f_k(t)\,dt\right| + \left|\int_0^1 2f_k(t)\,dt - 2\int_0^1 f(t)\,dt\right|,\end{aligned}$$

et, observant que $\int_0^1 f_k(t)\,dt \xrightarrow[k\to\infty]{} \int_0^1 f(t)\,dt$, on peut écrire :

$$\left|\int_0^1 f(t)a_n(t)\,dt - 2\int_0^1 f(t)\,dt\right| \leq \frac{3}{k} + \varepsilon + \varepsilon \qquad \text{(II.2)}$$

pour k et n suffisamment grands. On déduit de (II.2) que

$$\int_0^1 f(t)a_n(t)\,dt \underset{n}{\to} 2\int_0^1 f(t)\,dt.$$

□

b) Étudions au préalable l'intégrale $\int_a^b \frac{1}{a_n(t)}\,dt$. Par le changement de variable $u = nt$ et utilisant la périodicité de la fonction $t \mapsto 1/a_n(t)$, on a :

$$\int_a^b \frac{1}{a_n(t)}\,dt = \frac{1}{n}\int_{na}^{nb} \frac{1}{2+\sin u}\,du = \frac{1}{n}\int_0^{n(b-a)} \frac{1}{2+\sin u}\,du$$

et, observant que $\int_0^{2\pi} \frac{1}{2+\sin u}\,du > 0$ car $\frac{1}{2+\sin u} > 0$,

$$\int_0^{n(b-a)} \frac{1}{2+\sin u}\,du \underset{n\to\infty}{\sim} \left[\frac{n(b-a)}{2\pi}\right]\int_0^{2\pi} \frac{1}{2+\sin u}\,du,$$

où $\lfloor . \rfloor$ désigne ici la partie entière. Or $\left\lfloor \frac{n(b-a)}{2\pi} \right\rfloor \underset{n\to\infty}{\sim} \frac{n(b-a)}{2\pi}$, donc

$$\int_a^b \frac{1}{a_n(t)}\,dt \xrightarrow[n\to\infty]{} \frac{b-a}{2\pi}\int_0^{2\pi} \frac{1}{2+\sin u}\,du.$$

Pour f en escalier sur $[0,1]$, c'est-à-dire constante égale à α_i sur $]a_i, a_{i+1}[$, où $a_0 = 0 < a_1 < \cdots < a_{N+1} = 1$, on a

$$\begin{aligned}\int_0^1 \frac{f(t)}{a_n(t)}\,dt &= \sum_{i=1}^{N} \alpha_i \int_{a_i}^{a_{i+1}} \frac{1}{a_n(u)}\,du \\ &\xrightarrow[n\to\infty]{} \sum_i \frac{\alpha_i(a_{i+1}-a_i)}{2\pi}\int_0^{2\pi}\frac{1}{2+\sin u}\,du \\ &= \frac{1}{2\pi}\int_0^{2\pi}\frac{1}{2+\sin u}\,du \int_0^1 f(t)\,dt.\end{aligned}$$

Pour $f \in \mathrm{L}^1([0,1])$ on utilise la densité des fonctions en escaliers dans $\mathrm{L}^1([0,1])$ et on procède comme dans la question a).

c) La première des égalités suivantes vient des propriétés élémentaires de la fonction sin : 2π-périodicité, imparité et $\sin(\pi - t) = \sin(t)$

$$\frac{1}{2\pi}\int_0^{2\pi}\frac{dt}{2+\sin t} = \frac{8}{2\pi}\int_0^{\pi/2}\frac{dt}{4-\sin^2(t)} > \frac{4}{\pi}\int_0^{\pi/2}\frac{dt}{4} = \frac{1}{2}. \qquad \square$$

II.9 Soit $A \in \mathcal{A}$ vérifiant $P(A) \geq Q(A)$. On a alors :

$$|P(A) - Q(A)| = P(A) - Q(A) = \int_A f(t) - g(t)\,dt.$$

Observant que $\int f(t) - g(t)\,dt = 0$, on obtient

$$\begin{aligned}P(A) - Q(A) &= \frac{1}{2}\left(\int_A f(t) - g(t)\,dt + \int_{\bar{A}} g(t) - f(t)\,dt\right) \\ &\leq \frac{1}{2}\left(\int_A |f(t) - g(t)|\,dt + \int_{\bar{A}} |g(t) - f(t)|\,dt\right) \\ &= \frac{1}{2}\int |f(t) - g(t)|\,dt.\end{aligned}$$

Le cas où $P(A) \leq Q(A)$ se traite évidemment de manière analogue. On a ainsi montré que

$$\forall A \in \mathcal{A},\ |P(A) - Q(A)| \leq \frac{1}{2}\int |f(t) - g(t)|\,dt,$$

d'où

$$\|P - Q\| \leq \frac{1}{2} \int |f(t) - g(t)|\, dt.$$

Pour montrer l'inégalité inverse, on considère les parties mesurables

$$E^+ = \{f \geq g\} \quad \text{et} \quad E^- = \{f < g\} = \overline{E^+}.$$

On a

$$\begin{aligned} \int |f(t) - g(t)|\, dt &= \int_{E^+} f(t) - g(t)\, dt + \int_{E^-} g(t) - f(t)\, dt \\ &= P(E^+) - Q(E^+) + Q(E^-) - P(E^-) \\ &= 2\left(P(E^+) - Q(E^+)\right). \end{aligned}$$

On en déduit

$$\frac{1}{2} \int |f(t) - g(t)|\, dt = P(E^+) - Q(E^+) \leq \|P - Q\|,$$

d'où l'égalité $\frac{1}{2} \int |f(t) - g(t)|\, dt = \|P - Q\|$. □

III

MESURE DE PROBABILITÉ

Énoncés

III.1 Un tiroir contient n paires de chaussures. On choisit au hasard $2r$ chaussures ($2r \leq n$). Quelle est la probabilité qu'il n'y ait parmi ces $2r$ chaussures aucune paire complète ? Quelle est la probabilité qu'il y ait exactement k paire(s) complète(s) ($1 \leq k \leq r$) ?

III.2 Soit X une variable aléatoire à valeurs dans un ensemble M muni de la tribu de ses parties, telle que $P\{X = x\} > 0$ pour tout $x \in M$. Montrer que M est fini ou dénombrable.

Indication : pour tout $n \geq 1$, soit $M_n = \{x \in M \; : \; P\{X = x\} > 1/n\}$. Montrer que M_n est fini.

III.3 (Paradoxe de Bertrand). Soit $\mathcal{C}$ le cercle de centre O et de rayon 1 dans $\mathbb{R}^2$. On cherche à déterminer la probabilité pour que la corde AB de ce cercle, choisie « au hasard », soit plus grande que le côté du triangle équilatéral inscrit dans le cercle. Faire le calcul dans les différents cas suivants :

a) On fixe un point I du cercle ; on choisit un point M sur le segment OI selon la probabilité uniforme ; on lui associe la corde AB perpendiculaire à OI et passant par M.

b) On fixe A sur le cercle et on choisit B selon la probabilité uniforme sur le cercle.

c) On choisit M dans le disque selon la probabilité uniforme ; AB est alors la corde passant par M et perpendiculaire à OM.

III.4 La plupart des ordinateurs disposent d'un algorithme permettant de simuler des variables aléatoires uniformes sur $[0,1]$. Supposons donc savoir tirer une variable aléatoire de loi $\mathcal{U}_{[0,1]}$. Utiliser la **Proposition III.2.7** pour simuler une variable aléatoire de loi

a) exponentielle de paramètre 1,

b) de fonction de répartition $F(x) = 1 - x^{-\alpha}$ si $x \geq 1$, et $F(x) = 0$ si $x \leq 1$ (loi de Paréto),

c) de Cauchy de densité $1/\pi(1+x^2)$.

III.5 Soit X une variable aléatoire à valeurs dans $\mathbb{N}$ telle que

$$P\{X = k\} = \frac{e^{-2}2^k}{4k!}(1 + \alpha k)\,, \quad k \in \mathbb{N}\,,$$

où $\alpha > 0$. Déterminer la valeur de α. Calculer l'espérance et la variance de X en remarquant que

$$P\{X = k\} = \frac{1}{4}P\{Y = k\} + \frac{3}{4}P\{T = k\}$$

pour tout k, où $T = Z + 1$ et Y et Z sont deux variables de loi de Poisson de paramètre 2.

III.6 Soit Ω l'ensemble des $n!$ permutations σ des entiers de 1 à n muni de la probabilité uniforme. Soient $\{c_1, \ldots, c_n\}$ et $\{u_1, \ldots, u_n\}$ des nombres réels. On définit $S(\sigma) = \sum_{1\leq k\leq n} c_k u_{\sigma(k)}$. Posons

$$\overline{c} = \tfrac{1}{n}\textstyle\sum_{1\leq k\leq n} c_k\,, \qquad \overline{u} = \tfrac{1}{n}\textstyle\sum_{1\leq k\leq n} u_k\,,$$
$$s_c^2 = \tfrac{1}{n-1}\textstyle\sum_{1\leq k\leq n}(c_k - \overline{c})^2\,, \qquad s_u^2 = \tfrac{1}{n-1}\textstyle\sum_{1\leq k\leq n}(u_k - \overline{u})^2\,.$$

a) Montrer que l'espérance de S est égale à $n\overline{c}\,\overline{u}$.

b) Calculer la variance de $u_{\sigma(k)}$, puis la covariance de $u_{\sigma(k)}$ et $u_{\sigma(l)}$ $(k \neq l)$.

Indication : noter que $\sum_{1\leq k\leq n} u_{\sigma(k)} = \sum_{1\leq k\leq n} u_k$.

c) Déterminer la variance de S en fonction de s_c^2 et s_u^2.

III.7 Soit X une variable aléatoire de loi $\mathcal{N}(0,1)$. Montrer que $Z = e^X$ est de densité $f^Z(z) = (2\pi)^{-1/2} z^{-1} e^{-(\log z)^2/2}$ si $z > 0$ et $f^Z(z) = 0$ si $z \leq 0$. La loi de Z s'appelle la loi log-normale.
Pour $a \in [-1, 1]$, soit $f_a(x) = f^Z(x)(1 + a \sin(2\pi \log x))$, $x > 0$. Montrer que si Z_a est de densité f_a, alors Z_a et Z ont les mêmes moments, et donc que les moments ne caractérisent pas une loi de probabilité (comparer avec **III.5.7** et le **Théorème III.5.8**).

III.8 On dit qu'un vecteur aléatoire $X = (X_1, \ldots, X_d)$ est échangeable si la loi de X est invariante par permutation des coordonnées, i.e. pour toute permutation π de $\{1, 2, \ldots d\}$, X a même loi que $(X_{\pi(1)}, \ldots, X_{\pi(d)})$. Soit donc X un tel vecteur aléatoire, échangeable, de carré intégrable, tel que de plus $X_1 + \cdots + X_d = 1$. Montrer qu'alors $E(X_i) = 1/d$ et

$$\mathrm{Cov}(X_i, X_j) = -\frac{\mathrm{Var} X_1}{d-1}, \qquad i \neq j\,.$$

Indication : étudier $E(X_1 + \cdots + X_d)$ et $E(X_1(X_1 + \cdots + X_d))$.

III.9 Soit X une variable aléatoire réelle sur $(\Omega, \mathcal{A}, P)$.

a) On suppose que X est de carré intégrable. Démontrer qu'il existe un unique réel x_0 tel que la fonction $g(x) = E((X - x)^2)$ soit minimum en ce point. Déterminer x_0 et $g(x_0)$.

b) On appelle médiane de X un réel m tel que

$$P\{X \geq m\} \geq 1/2 \quad \text{et} \quad P\{X \leq m\} \geq 1/2\,.$$

Démontrer qu'un tel réel existe toujours, mais qu'il n'est pas nécessairement unique. Prouver que si X est intégrable et m est une médiane de X,

$$E\big(|X - m|\big) = \inf\big\{ E\big(|X - \alpha|\big) \,:\, \alpha \in \mathbb{R} \big\}\,.$$

Indication : établir que si $a < b$,

$$E\big(|X - b|\big) - E\big(|X - a|\big) = \int_a^b \psi(x)\, dx$$

où $\psi(x) = P\{X \leq x\} - P\{X \geq x\}$ et étudier le signe de la fonction ψ.

III.10 Soit X une variable aléatoire positive de carré intégrable sur $(\Omega, \mathcal{A}, P)$ et soit $\lambda \in]0,1[$. Démontrer que

$$(1-\lambda)E(X) \leq E\big(X \mathbb{1}_{[\lambda E(X),\infty[}(X)\big),$$

et en déduire, par l'inégalité de Cauchy-Schwarz, que

$$P\{X \geq \lambda E(X)\} \geq (1-\lambda)^2 \frac{E(X)^2}{E(X^2)}.$$

III.11 Si P est une mesure de probabilité sur $\{1, 2, \ldots, n\}$, on définit l'entropie de P par $H(P) = -\sum_{1 \leq k \leq n} p_k \log p_k$ où $p_k = P(\{k\})$, avec la convention $0 \log 0 = 0$.
Montrer que H est à valeurs dans $\mathbb{R}^+$ et trouver P telle que $H(P) = 0$. Démontrer que la mesure uniforme sur $\{1, 2, \ldots, n\}$ réalise le maximum de H.
Si P est une mesure de probabilité sur $\mathbb{N}$, on définit de même son entropie par $H(P) = -\sum_{n \in \mathbb{N}} p_n \log p_n$. Montrer que H est à valeurs dans $\mathbb{R}^+ \cup \{\infty\}$. Quand s'annule-t-elle ? Démontrer que la loi géométrique de paramètre p, $0 < p < 1$, réalise le maximum d'entropie sur l'ensemble des mesures de probabilité sur $\mathbb{N}$ de moyenne inférieure ou égale à $(1-p)/p$.
Si P est une mesure de probabilité sur $(\mathbb{R}, \mathcal{B}(\mathbb{R}))$ de densité f par rapport à la mesure de Lebesgue, on note $H(P) = \int f(x) \log f(x)\, dx$ lorsque cette intégrale a un sens, $H(P) = \infty$ sinon. Calculer l'entropie de la loi normale $\mathcal{N}(0,1)$. Démontrer qu'elle minimise l'entropie de toute mesure de densité f vérifiant $\int_{\mathbb{R}} x f(x)\, dx = 0$ et $\int_{\mathbb{R}} x^2 f(x)\, dx = 1$.

Indication : on pourra commencer par montrer que pour toute densité g

$$\int \log(f(x)/g(x)) f(x)\, dx \geq 0,$$

puis prendre pour g la densité gaussienne.

III.12 Montrer que la fonction $\varphi(t) = (2\pi)^{-1/2} \int_{\mathbb{R}} e^{itx - x^2/2}\, dx$, $t \in \mathbb{R}$, est solution d'une équation différentielle du premier ordre. En déduire la fonction caractéristique de la loi $\mathcal{N}(0,1)$ ainsi que tous les moments de la loi $\mathcal{N}(0,1)$.

III.13 (Lemme de Riemann-Lebesgue) Soit X une variable aléatoire réelle, de densité f. Montrer que $\lim_{t \to \infty} \varphi^X(t) = 0$.

Indication : on pourra considérer d'abord une densité uniforme, de la forme $\mathbb{1}_{[a,b]}/(b-a)$, puis une densité en escalier, et approcher dans L^1 une densité quelconque par une fonction en escalier.

En déduire que si f admet des dérivées $f^{(1)}, \ldots, f^{(k)}$ intégrables, alors $|\varphi^X(t)| = o(|t|^{-k})$ lorsque $t \to \infty$.

III.14 Soit P la mesure de probabilité sur $\mathbb{Z}$ définie par

$$P = \sum_{n \geq 2} \frac{c}{n^2 \log n}(\delta_n + \delta_{-n})$$

où c est la constante de normalisation faisant de P une probabilité. Cette mesure admet-elle un moment d'ordre 1 ? Soit φ la transformée de Fourier de la mesure P. Pour tout entier $N \geq 2$, on définit

$$f_N(t) = \sum_{2 \leq n \leq N} \frac{\sin^2(nt/2)}{tn^2 \log n}, \qquad g_N(t) = \sum_{n > N} \frac{\sin^2(nt/2)}{tn^2 \log n}.$$

Démontrer que $f_N(t) \leq tN$ et que $g_N(t) \leq 1/tN \log N$. Trouver une fonction $t \mapsto N(t)$ de $[0, \infty[$ dans $\mathbb{N}$ telle que $\lim_{t \to 0} f_{N(t)}(t) = \lim_{t \to 0} g_{N(t)}(t) = 0$. En déduire que φ est dérivable en 0.

III.15 Soit f une densité sur $\mathbb{R}$, paire (i.e. $f(x) = f(-x)$), de fonction caractéristique φ. Pour $x > 0$, soit $g(x) = \int_x^\infty t^{-1} f(t)\, dt$ et poser $g(-x) = g(x)$. Montrer que g est une densité dont la fonction caractéristique est $t^{-1} \int_0^t \varphi(s)\, ds$.

Solutions

III.1 On peut supposer que toutes les parties à $2r$ éléments de l'ensemble des chaussures ont la même probabilité d'être choisies. Cette hypothèse nous conduit à modéliser cette expérience aléatoire par l'espace probabilisé $(\Omega, \mathcal{P}(\Omega), P)$, où Ω désigne l'ensemble de toutes les parties à $2r$ éléments d'un ensemble à $2n$ éléments et où P est la probabilité uniforme (équiprobabilité). Si $A \subset \Omega$ représente l'évènement { il n'y a aucune paire complète parmi les $2r$ chaussures choisies } alors

$$P(A) = \frac{\operatorname{card}(A)}{\operatorname{card}(\Omega)} = \frac{\binom{n}{2r}2^{2r}}{\binom{2n}{2r}}.$$

(Dans la formule précédente, le $\binom{n}{2r}$ exprime le fait de choisir $2r$ paires et le 2^{2r} celui de choisir, dans chaque paire, une chaussure).
Si B représente l'évènement { il y a exactement k paires complètes parmi les $2r$ chaussures choisies }, alors

$$P(B) = \frac{\operatorname{card}(B)}{\operatorname{card}(\Omega)} = \frac{\binom{n}{k}\binom{n-k}{2r-2k}2^{2r-2k}}{\binom{2n}{2r}}.$$

(Ici, le $\binom{n}{k}$ exprime le fait de choisir les paires complètes, $\binom{n-k}{2r-2k}$ celui de choisir les paires non complètes et enfin 2^{2r-2k} celui de choisir une seule chaussure parmi ces dernières).

III.2 Le cardinal de M_n est nécessairement strictement inférieur à n. En effet si $m_1, \ldots, m_k$ sont k éléments distincts de M_n,

$$P\{X \in \{m_1, \ldots, m_k\}\} > \frac{k}{n}.$$

Donc $k < n$, en particulier M_n est fini. Par hypothèse

$$M = \bigcup_{n \geq 1} M_n,$$

l'ensemble M est donc une réunion dénombrable d'ensembles finis. Il est donc au plus dénombrable. □

III.3 Tout triangle équilatéral inscrit dans le cercle unité est de côté $\sqrt{3}$.

a) On note I_1 le milieu du segment OI. Pour que la corde soit plus grande que $\sqrt{3}$, il faut et il suffit que le point M soit sur le segment OI_1. On trouve donc une probabilité de $1/2$.

b) On fixe A sur le cercle et, partant de A, on « coupe » le cercle en 3 arcs d'égales longueurs. On note les deux autres points A_1 et A_2. On choisit un point B au hasard sur le cercle. Pour que la corde AB soit plus grande que $\sqrt{3}$, il faut et il suffit que le point B soit sur l'arc de cercle (A_1A_2). On trouve donc une probabilité de $1/3$.

c) Lors de cette construction, pour que la corde AB soit plus grande que $\sqrt{3}$, il faut et il suffit que le point M soit dans le disque centré en l'origine et de rayon $1/2$. On trouve ici une probabilité de $\frac{\pi(1/2)^2}{\pi} = 1/4$.

III.4 Pour les exemples qui suivent, la fonction $F^{\leftarrow}$ se calcule facilement. On rappelle que si U désigne une variable aléatoire suivant la loi uniforme sur $]0,1[$, alors $F^{\leftarrow}(U)$ suit la loi ayant F pour fonction de répartition.

a) Pour F, fonction de répartition d'une loi exponentielle de paramètre 1, $F(x) = \begin{cases} 1 - e^{-x} & \text{si } x > 0 \\ 0 & \text{si } x \leq 0 \end{cases}$, on a $F^{\leftarrow}(y) = -\ln(1-y)$ pour $y \in]0,1[$. Si U suit la loi uniforme sur $]0,1[$, $-\ln(1-U)$ suit la loi exponentielle de paramètre 1. (On peut mentionner que $-\ln(U)$ suit alors aussi la loi exponentielle de paramètre 1.)

b) Pour F, fonction de répartition d'une loi de Paréto, $F(x) = \begin{cases} 1 - x^{-\alpha} & \text{si } x > 1 \\ 0 & \text{si } x \leq 1 \end{cases}$, on a $F^{\leftarrow}(y) = (1-y)^{-1/\alpha}$ pour $y \in]0,1[$. Si U suit la loi uniforme sur $]0,1[$, $(1-U)^{-1/\alpha}$ suit la loi de Paréto.

c) Pour F, fonction de répartition d'une loi de Cauchy, $F(x) = \frac{1}{\pi}\left(\arctan x + \frac{\pi}{2}\right)$, on a $F^{\leftarrow}(y) = \tan(\pi y - \frac{\pi}{2})$ pour $y \in]0,1[$. Si U suit la loi uniforme sur $]0,1[$, $\tan(\pi U - \frac{\pi}{2})$ suit la loi de Cauchy.

III.5 La variable X est à valeurs dans $\mathbb{N}$ et donc $\sum_{k\in\mathbb{N}} P\{X=k\} = 1$. Or

$$\sum_{k\geq 0} \frac{e^{-2}\,2^k}{4\,k!}(1+\alpha k) = \frac{e^{-2}}{4}(e^2 + 2\alpha e^2) = \frac{1+2\alpha}{4}.$$

Donc $\alpha = 3/2$ et

$$P\{X=k\} = \frac{1}{4}\frac{e^{-2}2^k}{k!} + \frac{3}{4}\frac{e^{-2}2^{k-1}k}{k!}.$$

On peut écrire

$$P\{X=k\} = \frac{1}{4}P\{Y=k\} + \frac{3}{4}P\{T=k\},$$

où on a posé

$$P\{Y=k\}=\frac{e^{-2}2^k}{k!} \quad \text{et} \quad P\{T=k\}=\frac{e^{-2}2^{k-1}k}{k!}.$$

Autrement dit $T = 1 + Z$ et Z suit une loi de Poisson de paramètre 2, tout comme Y. On sait alors

$$E(T)=1+E(Z)=3,\ E(Y)=2 \quad \text{et} \quad \mathrm{Var}(T)=\mathrm{Var}(Z)=\mathrm{Var}(Y)=2.$$

On en déduit $E(X)$ et $E(X^2)$:

$$\begin{aligned} E(X) &= \frac{1}{4}\sum_{k\geq 0} kP\{Y=k\}+\frac{3}{4}\sum_{k\geq 0} kP\{T=k\} \\ &= \frac{1}{4}E(Y)+\frac{3}{4}E(T)=\frac{1}{2}+\frac{9}{4}=\frac{11}{4}, \\ E(X^2) &= \frac{1}{4}\sum_{k\geq 0} k^2P\{Y=k\}+\frac{3}{4}\sum_{k\geq 0} k^2P\{T=k\}=\frac{1}{4}E(Y^2)+\frac{3}{4}E(T^2). \end{aligned}$$

Or $E(Y^2) = E(Y)^2 + \mathrm{Var}(Y) = 6$ et $E(T^2) = E(T)^2 + \mathrm{Var}(T) = 11$.

$$\text{Donc} \quad E(X^2)=\frac{6}{4}+\frac{33}{4}=\frac{39}{4} \quad \text{et} \quad \mathrm{Var}(X)=\frac{39}{4}-\left(\frac{11}{4}\right)^2=\frac{35}{16}.$$

III.6 Signalons l'abus de notation utilisé ici pour désigner la variable aléatoire $u_{\sigma(k)}$. On pourrait noter celle-ci X_k, définie sur Ω, l'ensemble des permutations de $\{1,\dots,n\}$, en posant $X_k(\sigma)=u_{\sigma(k)}$.

a) $S=\sum_{1\leq k\leq n} c_k\, u_{\sigma(k)}$ et donc $E(S)=\sum_{1\leq k\leq n} c_k\, E(u_{\sigma(k)})$ avec

$$E(u_{\tau(k)})=\sum_{\tau}\frac{1}{n!}u_{\tau(k)}=\frac{1}{n!}(n-1)!\,(u_1+\cdots+u_n).$$

La dernière égalité se justifiant par le fait que l'ensemble $E_k^i :=$ $\{\tau \text{ tels que } \tau(k)=i\}$ est de cardinal $(n-1)!$. On obtient donc

$$E(S)=\sum_{1\leq k\leq n} c_k\, E(u_{\sigma(k)})=\sum_{1\leq k\leq n} c_k\,\frac{u_1+\cdots+u_n}{n}=n\,\overline{c}\,\overline{u}. \qquad \square$$

b) Remarquons que quel que soient i et j distincts, $u_{\sigma(i)}$ et $u_{\sigma(j)}$ suivent la même loi. En outre, il est clair que la loi du couple $(u_{\sigma(i)},u_{\sigma(j)})$ avec $i\neq j$ ne dépend pas du couple (i,j). D'autre part, la somme $\sum_{1\leq k\leq n} u_{\sigma(k)}$ ne dépend pas de σ ; elle est égale à $\sum_{1\leq k\leq n} u_k$, c'est-à-dire à $n\overline{u}$. On en déduit que

$$\mathrm{Var}\Big(\sum_{1\leq k\leq n} u_{\sigma(k)}\Big)=0.$$

D'où

$$\sum_{1\le k\le n} \mathrm{Var}(u_{\sigma(k)}) + 2\sum_{k<l} \mathrm{Cov}(u_{\sigma(k)}u_{\sigma(l)}) = 0,$$

ou encore, en vertu de la remarque préliminaire,

$$n\mathrm{Var}(u_{\sigma(1)}) + (n^2 - n)\mathrm{Cov}(u_{\sigma(1)}, u_{\sigma(2)}). \tag{III.1}$$

Via le théorème du transport

$$\mathrm{Var}(u_{\sigma(1)}) = \frac{\sum_{1\le k\le n}(u_k - \overline{u})^2}{n} = \frac{n-1}{n}s_u^2.$$

En utilisant (III.1), on obtient alors

$$\mathrm{Cov}(u_{\sigma(k)}u_{\sigma(l)}) = -\frac{\mathrm{Var}(u_{\sigma(1)})}{n-1} = \frac{-s_u^2}{n}.$$

On peut désormais calculer la variance de S. On a

$$\begin{aligned}
\mathrm{Var}(S) &= \mathrm{Var}\Big(\sum_{k=1}^{n} c_k u_{\sigma(k)}\Big)\\
&= \sum_{k=1}^{n} \mathrm{Var}(c_k u_{\sigma(k)}) + 2\sum_{k<l} \mathrm{Cov}(c_k u_{\sigma(k)}, c_l u_{\sigma(l)})\\
&= \Big(\sum_{k=1}^{n} c_k^2\Big)\mathrm{Var}(u_{\sigma(1)}) + 2\sum_{k<l} c_k c_l \mathrm{Cov}(u_{\sigma(1)}, u_{\sigma(2)})\\
&= \frac{s_u^2}{n}\Big((n-1)\sum_{k=1}^{n} c_k^2 - 2\sum_{k<l} c_k c_l\Big)\\
&= \frac{s_u^2}{n}\Big(n\sum_{k=1}^{n} c_k^2 - \big(\sum_{k=l}^{n} c_k\big)^2\Big)\\
&= n s_u^2\Big(\frac{\sum_{k=1}^{n} c_k^2}{n} - \frac{(\sum_{k=l}^{n} c_k)^2}{n^2}\Big).
\end{aligned}$$

Or la dernière expression entre parenthèses n'est autre que la variance d'une variable aléatoire uniforme sur les c_k, qui est égale à $s_c^2(n-1)/n$. On a donc

$$\mathrm{Var}(S) = (n-1)\, s_u^2\, s_c^2.$$

III.7 La variable aléatoire Z ne prend que des valeurs positives et pour $t > 0$, on a

$$P\{Z \le t\} = P\{X \le \ln t\} = \Phi(\ln t),$$

où Φ désigne ici la fonction de répartition de la loi normale centrée réduite. La fonction de répartition de Z est donc

$$F^Z(t) = \begin{cases} \Phi(\ln t) & \text{si } t > 0 \\ 0 & \text{sinon.} \end{cases}$$

Elle est continue sur $\mathbb{R}$, dérivable sur $\mathbb{R}^*$. La variable Z admet donc une densité, obtenue en dérivant F^Z. On obtient

$$f^Z(t) = \begin{cases} \frac{e^{-(\ln t)^2/2}}{\sqrt{2\pi}\, t} & \text{si } t > 0 \\ 0 & \text{sinon.} \end{cases}$$

Pour $a \in [-1, 1]$, la fonction f_a définit bien une densité de probabilité sur $\mathbb{R}^+$ car elle est positive et $\int_0^{+\infty} f_a(t)\, dt = 1$. Pour vérifier cette dernière égalité, il suffit d'écrire

$$\int_0^{+\infty} f^Z(t) \sin(2\pi \ln t)\, dt \underset{(*)}{=} E(\sin(2\pi \ln Z)) = E(\sin(2\pi X)) = 0.$$

L'égalité $(*)$ étant la formule de *transport* (voir Théorème II.4.1) et la dernière espérance est nulle car la densité de X est paire.
Soit alors une variable Z_a ayant f_a pour densité. On vérifie sans difficulté que, quel que soit l'entier k, Z_a et Z admettent un moment d'ordre k. De plus

$$\begin{aligned} E(Z_a^k) &= \int_0^{+\infty} t^k f^Z(t)(1 + a \sin(2\pi \ln t))\, dt \\ &= E(Z^k) + a \int_0^{+\infty} t^k f^Z(t) \sin(2\pi \ln t)\, dt. \end{aligned}$$

Or cette dernière intégrale vaut zéro :

$$\begin{aligned} \int_0^{+\infty} t^k f^Z(t) \sin(2\pi \ln t)\, dt &= E(Z^k \sin(2\pi \ln Z)) = E(e^{kX} \sin(2\pi X)) \\ &= \frac{1}{\sqrt{2\pi}} \int_{-\infty}^{+\infty} e^{ku} e^{-u^2/2} \sin(2\pi u)\, du \\ &= \frac{1}{\sqrt{2\pi}} \int_{-\infty}^{+\infty} e^{-1/2\left((u-k)^2 - k^2\right)} \sin(2\pi u)\, du \\ &= \frac{e^{k^2/2}}{\sqrt{2\pi}} \int_{-\infty}^{+\infty} e^{-(u-k)^2/2} \sin(2\pi u)\, du \\ &= \frac{e^{k^2/2}}{\sqrt{2\pi}} \int_{-\infty}^{+\infty} e^{-v^2/2} \sin(2\pi v)\, dv = 0 \quad (u - k = v). \end{aligned}$$

Les deux variables Z et Z_a ont donc les même moments mais ne suivent pas la même loi car leur densités respectives sont distinctes. Cet exemple illustre le fait que les moments ne caractérisent pas la loi dans le cas où la variable n'est pas bornée.

III.8 On note π_1 la projection sur la première composante du d-uplet $(x_1, \ldots, x_d)$. Il est clair que $\pi_1(X_1, X_2, X_3, \ldots, X_d)$ suit la même loi que $\pi_1(X_2, X_1, X_3, \ldots, X_d)$ et donc que X_1 et X_2 suivent la même loi. On montrerait de la même façon que quels que soient i, j, X_i et X_j suivent la même loi et donc $E(X_i) = E(X_j)$.
De l'identité $X_1 + \cdots + X_d = 1$, on déduit que

$$E(X_1) + \cdots + E(X_d) = 1 = d\,E(X_1), \quad \text{donc} \quad E(X_i) = \frac{1}{d}. \qquad \square$$

De même $X_1(X_1 + \cdots + X_d) = X_1$ et donc, en prenant l'espérance,

$$\frac{1}{d} = E(X_1^2) + E(X_1X_2) + \cdots + E(X_1X_d) = E(X_1^2) + (d-1)\,E(X_iX_j). \quad \text{(III.2)}$$

La dernière égalité se justifiant par le fait que X_1X_2 suit la même loi que X_iX_j quel que soit $i \neq j$. (Il suffit de considérer l'application

$$\pi_{12} : \mathbb{R}^n \to \mathbb{R},\ (x_1, \ldots, x_n) \mapsto x_1x_2,$$

et de remarquer que

$$\pi_{12}(X_1, \ldots, X_n) \quad \text{et} \quad \pi_{12}(X_{\sigma(1)}, \ldots, X_{\sigma(n)})$$

suivent la même loi pour toute permutation σ.)
On obtient alors

$$\begin{aligned}
\operatorname{Cov}(X_i, X_j) &= E(X_iX_j) - E(X_i)E(X_j) \\
&= \frac{1}{d(d-1)} - \frac{E(X_1^2)}{d-1} - \frac{1}{d^2} \quad \text{par (III.2)} \\
&= \frac{d - d^2\,E(X_1^2) - (d-1)}{d^2(d-1)} \\
&= \frac{1 - d^2\,E(X_1^2)}{d^2(d-1)} = \frac{1}{d-1}\left(\frac{1}{d^2} - E(X_1^2)\right) \\
&= \frac{-1}{d-1}\left(E(X_1^2) - E(X_1)^2\right) = -\frac{\operatorname{Var}(X_1)}{d-1}. \qquad \square
\end{aligned}$$

III.9

a) La fonction g définie par $g(x) = E((X-x)^2) = x^2 - 2E(X)x + E(X^2)$ atteint son minimum en $x_0 = E(X)$. Le minimum de g vaut alors $g(x_0) = E((X - E(X))^2) = \mathrm{Var}(X)$.

b) Notons F la fonction de répartition de X. La fonction F est croissante, continue à droite, $\lim_{t\to-\infty} F(t) = 0$ et $\lim_{t\to+\infty} F(t) = 1$. Observant alors que $\{\, t : F(t) \geq 1/2 \,\}$ est non vide et minoré, on déduit l'existence de $\inf\{\, t,\ F(t) \geq 1/2 \,\} := m$. Par continuité à droite, on obtient $F(m) = P\{X \leq m\} \geq 1/2$.

D'autre part $P\{X \geq m\} = 1 - P\{X < m\} = 1 - F(m^-)$. On peut alors distinguer les cas F *continue en* m et F *discontinue en* m pour conclure que $P\{X \geq m\} \geq 1/2$. Il suffit d'observer que dans le cas F *continue en* m, $F(m) = F(m^-) = 1/2$ et que dans le cas F *discontinue en* m, on a nécessairement $F(m^-) < 1/2$.

Pour se convaincre de la non unicité en général, il suffit de considérer X suivant la loi uniforme sur $\{\, 0, 1 \,\}$ et observer que tout réel de $]0,1[$ est une médiane.

Montrons maintenant que si $a < b$:

$$E(|X-b|) - E(|X-a|) = \int_a^b P\{X \leq x\} - P\{X \geq x\}\, dx = \int_a^b \psi(x)\, dx.$$

Pour cela, on considère les applications

$$\mathbb{1}_{[t,+\infty[}(X(\omega)) \text{ et } \mathbb{1}_{]-\infty,t]}(X(\omega)) \text{ définies pour } (t,\omega) \in [a,b] \times \Omega$$

auxquelles on appliquera plus bas le théorème de Fubini-Tonelli. Auparavant, on observe que :

$$\int_a^b \mathbb{1}_{[t,+\infty[}(X(\omega))\, dt = \begin{cases} b-a & , \text{ si } X(\omega) \geq b \\ |X(\omega) - a| & , \text{ si } X(\omega) \in]a,b[\\ 0 & , \text{ si } X(\omega) \leq a \end{cases} ,$$

$$\int_a^b \mathbb{1}_{]-\infty,t]}(X(\omega))\, dt = \begin{cases} b-a & , \text{ si } X(\omega) \leq a \\ |X(\omega) - b| & , \text{ si } X(\omega) \in]a,b[\\ 0 & , \text{ si } X(\omega) \geq b \end{cases} ,$$

puis que

$$|X-b| - |X-a| = \begin{cases} |X-b| - |X-a| & , \text{ si } X \in]a,b[\\ -|a-b| & , \text{ si } X \geq b \\ |a-b| & , \text{ si } X \leq a. \end{cases}$$

On obtient alors :

$$E(|X-b|) - E(|X-a|) = E((|X-b| - |X-a|)\mathbb{1}_{]a,b[}(X)) \\ - |a-b|P\{X \geq b\} + |a-b|P\{X \leq a\},$$

$$\begin{aligned}\int_\Omega \left(\int_a^b \mathbb{1}_{]-\infty,t]}(X(\omega))\,dt\right) dP(\omega) &= (b-a)P\{X \leq a\} \\ &\quad + E(|X-b|\mathbb{1}_{]a,b[}(X)) \\ &= \int_a^b \left(\int_\Omega \mathbb{1}_{]-\infty,t]}(X(\omega))\,dP(\omega)\right) dt \\ &= \int_a^b P\{X \leq t\}\,dt,\end{aligned}$$

et

$$\begin{aligned}\int_\Omega \left(\int_a^b \mathbb{1}_{[t,+\infty[}(X(\omega))\,dt\right) dP(\omega) &= (b-a)P\{X \geq b\} \\ &\quad + E(|X-a|\mathbb{1}_{]a,b[}(X)) \\ &= \int_a^b \left(\int_\Omega \mathbb{1}_{[t,+\infty[}(X(\omega))\,dP(\omega)\right) dt \\ &= \int_a^b P\{X \geq t\}\,dt.\end{aligned}$$

On soustrait et on obtient

$$E(|X-b|)-E(|X-a|) = \int_a^b P\{X \leq t\} - P\{X \geq t\}\,dt = \int_a^b \psi(t)\,dt. \quad \square$$

Pour conclure, on remarque :

- La fonction ψ est évidemment croissante avec $\lim_{-\infty} \psi(t) = -1$ et $\lim_{+\infty} \psi(t) = 1$
- Si m est une médiane de X et, si $x > m$ en supposant de plus que x n'est pas une médiane, alors $\psi(x) > 0$. Il est en effet clair que $P\{X \geq x\} < 1/2$ et donc $P\{X \leq x\} \geq 1/2$ et donc $\psi(x) > 0$.
- Si $x < m$, en supposant de plus que x n'est pas une médiane, alors $\psi(x) < 0$.

- Si $m < m'$ sont deux médianes, alors $\psi(t) = 0, \forall m < t < m'$. En effet les évènements $\{X \leq m\}$ et $\{X \geq m'\}$ étant disjoints, on a $P\{X \leq m\} = 1/2$ et $P\{X \geq m'\} = 1/2$ et donc $P\{m < X < m'\} = 0$, donc si $m < t < m'$, on a $P\{X \leq t\} - P\{X \geq t\} = 0$.

Par conséquent si m et m' sont deux médianes

$$E(|X - m|) - E(|X - m'|) = \int_m^{m'} \psi(t)\, dt = 0,$$

et si $m \neq \alpha$, ($m < \alpha$, par exemple) avec m médiane, alors

$$E(|X - \alpha|) - E(|X - m|) = \int_m^{\alpha} \psi(t)\, dt \geq 0.$$

Finalement

$$E(|X - m|) = \inf\{E(|X - \alpha|)\, ;\, \alpha \in \mathbb{R}\}.$$

□

III.10 Quel que soit $\alpha \in]0, 1[$, on peut écrire

$$X = X\mathbb{1}_{\{X \geq \alpha E(X)\}} + X\mathbb{1}_{\{X < \alpha E(X)\}} \quad \text{et} \quad E(X\mathbb{1}_{\{X < \alpha E(X)\}}) \leq \alpha E(X),$$

d'où

$$E(X) = E(X\mathbb{1}_{\{X \geq \alpha E(X)\}}) + E(X\mathbb{1}_{\{X < \alpha E(X)\}}) \leq E(X\mathbb{1}_{\{X \geq \alpha E(X)\}}) + \alpha E(X),$$

soit

$$(1 - \alpha)E(X) \leq E(X\mathbb{1}_{\{X \geq \alpha E(X)\}}). \tag{III.3}$$

□

En écrivant $X\mathbb{1}_{\{X \geq \alpha E(X)\}} = X\mathbb{1}_{\{X \geq \alpha E(X)\}}\mathbb{1}_{\{X \geq \alpha E(X)\}}$ et en appliquant l'inégalité de Cauchy-Schwarz, on a :

$$E^2\big(X\mathbb{1}_{\{X \geq \alpha E(X)\}}\big) \leq E\big(X^2\mathbb{1}_{\{X \geq \alpha E(X)\}}\big)\, P\big(X \geq \alpha E(X)\big).$$

On obtient alors

$$P\big(X \geq \alpha E(X)\big) \geq \frac{E^2(X\mathbb{1}_{\{X \geq \alpha E(X)\}})}{E(X^2\mathbb{1}_{\{X \geq \alpha E(X)\}})} \geq \frac{(1 - \alpha)^2 E^2(X)}{E(X^2\mathbb{1}_{\{X \geq \alpha E(X)\}})} \quad \text{d'après (III.3).}$$

Or il est clair que $E(X^2\mathbb{1}_{\{X \geq \alpha E(X)\}}) \leq E(X^2)$, donc

$$P\big(X \geq \alpha E(X)\big) \geq \frac{(1 - \alpha)^2 E^2(X)}{E(X^2)}.$$

□

III.11 L'expression H est une somme de termes positifs donc elle est à valeurs dans $\mathbb{R}^+$. D'autre part

$$H(P) = \sum_{1 \leq k \leq n} (-p_k \ln p_k) = 0 \quad \text{ssi} \quad \text{l'un des } p_k \text{ vaut } 1.$$

Si P est la loi uniforme sur $\{1, \ldots, n\}$, alors $H(P) = \ln(n)$. On vérifie maintenant que si Q est une mesure de probabilité sur $\{1, \ldots, n\}$ alors $H(Q) = \sum_{1 \leq k \leq n} q_k \ln q_k \leq \ln(n)$. Pour cela, en utilisant la concavité de la fonction ln, on remarque que, quelles que soient les distributions (p_k) et (q_k) sur $\{1, \ldots, n\}$,

$$\sum_{1 \leq k \leq n} q_k \ln\left(\frac{p_k}{q_k}\right) \leq \ln\left(\sum_{1 \leq k \leq n} q_k \frac{p_k}{q_k}\right) = \ln 1 = 0, \tag{III.4}$$

c'est-à-dire

$$\sum_{1 \leq k \leq n} q_k \ln(q_k) \geq \sum_{1 \leq k \leq n} q_k \ln(p_k),$$

qui donne pour $p_k = 1/n$

$$H(Q) = -\sum_{1 \leq k \leq n} q_k \ln(q_k) \leq \ln(n).$$

On considère maintenant une mesure de probabilité sur $\mathbb{N}$, notée P. L'expression $H(P)$ est encore à valeurs positives (éventuellement ∞ si la série diverge) et

$$H(P) = \sum_{k \geq 0} p_k \ln p_k = 0 \quad \text{ssi} \quad \text{l'un des } p_k \text{ vaut } 1.$$

Si P est la loi géométrique de paramètre p, alors (en posant $q = 1 - p$)

$$\begin{aligned}
H(P) &= -\sum_{k \geq 0} p_k \ln p_k \\
&= -\sum_{k \geq 0} pq^k \ln(pq^k) = -\sum_{k \geq 0} pq^k \ln(p) - \sum_{k \geq 0} pq^k \ln(q^k) \\
&= -\ln p - p \ln q \sum_{k \geq 0} k\, q^k \\
&= -\ln p - p \ln q \frac{q}{(1-q)^2} = -\ln p - \frac{q}{p} \ln q.
\end{aligned}$$

On observe maintenant que l'inégalité (III.4) est valable pour des sommes infinies. Plus précisément, si pour tout k entier, $P(k) = p_k$ et $Q(k) = q_k$ définissent des mesures de probabilité sur $\mathbb{N}$, alors

$$\sum_{k \geq 0} q_k \ln\left(\frac{p_k}{q_k}\right) \leq 0. \tag{III.5}$$

Pour montrer ceci on utilise l'inégalité $\ln(1+x) \leq x$, valable pour tout $x > -1$.

$$\begin{aligned}\sum_{k\geq 0} q_k \ln\left(\frac{p_k}{q_k}\right) &= \sum_{k\geq 0} q_k \ln\left(1 + \frac{p_k - q_k}{q_k}\right) \\ &\leq \sum_{k\geq 0} q_k \left(\frac{p_k - q_k}{q_k}\right) = \sum_{k\geq 0}(p_k - q_k) = 0.\end{aligned}$$

(En remarquant que, quel que soit k, $\frac{q_k - p_k}{p_k} \geq -1$.) On considère maintenant P loi géométrique de paramètre p et donc d'espérance q/p et Q mesure de probabilité quelconque sur $\mathbb{N}$. On a alors, d'après l'inégalité précédente

$$\begin{aligned}0 &\leq \sum_{k\geq 0} q_k \ln(q_k) - \sum_{k\geq 0} q_k \ln(p_k) \\ &= -H(Q) - \sum_{k\geq 0} q_k \ln(p) - \sum_{k\geq 0} q_k\, k \ln(q) \\ &= -H(Q) - \ln(p) - \sum_{k\geq 0} q_k\, k \ln(q) \\ &\leq -H(Q) - \ln(p) - \frac{q}{p}\ln(q).\end{aligned}$$

D'où

$$H(Q) \leq -\ln(p) - \frac{q}{p}\, ln(q) = H(P). \qquad \square$$

Concernant la loi normale, rappelons que si $X \rightsquigarrow \mathcal{N}(0,1)$ alors $E(X) = 0$ et $E(X^2) = 1$. On en déduit que si P est une mesure de probabilité de loi normale $\mathcal{N}(0,1)$, on a

$$H(P) = \frac{1}{\sqrt{2\pi}} \int_{\mathbb{R}} e^{-x^2/2} \ln\left(\frac{1}{\sqrt{2\pi}} e^{-x^2/2}\right) dt = -\ln(\sqrt{2\pi}) - \frac{1}{2}. \tag{III.6}$$

Soient f et g deux densités de probabilité. En s'inspirant de la preuve de (III.5) :

$$\begin{aligned}\int_{\mathbb{R}} \ln\left(\frac{g(x)}{f(x)}\right) f(x)\,dx &= \int_{\mathbb{R}} \ln\left(1 + \frac{g(x) - f(x)}{f(x)}\right) f(x)\,dx, \\ &\qquad \text{avec } \frac{g(x) - f(x)}{f(x)} \geq -1 \text{ p.s.} \\ &\leq \int_{\mathbb{R}} \frac{g(x) - f(x)}{f(x)} f(x)\,dx = \int_{\mathbb{R}} (g(x) - f(x))\,dx = 0.\end{aligned}$$

D'où

$$\int_{\mathbb{R}} \ln(g(x))\, f(x)\,dx \leq \int_{\mathbb{R}} \ln(f(x))\, f(x)\,dx.$$

En particulier si g est la densité de P suivant une loi $\mathcal{N}(0,1)$ et si $\int_{\mathbb{R}} x^2 f(x)\,dx = 1$, on obtient par (III.6) :

$$H(P) = -\ln\left(\sqrt{2\pi}\right) - \frac{1}{2} \leq \int_{\mathbb{R}} \ln(f(x))\, f(x)\,dx. \qquad \square$$

III.12 On pose pour $(x,t) \in \mathbb{R}^2$,

$$\psi(x,t) = \frac{1}{\sqrt{2\pi}}\, e^{itx - x^2/2}.$$

Cette fonction ψ est de classe $\mathcal{C}^1$ sur $\mathbb{R}^2$ avec de plus

$$\left|\frac{\partial \psi}{\partial t}(x,t)\right| = \frac{1}{\sqrt{2\pi}}\,|ix\, e^{itx-x^2/2}| \leq \frac{1}{\sqrt{2\pi}}\,|x|\, e^{-x^2/2} \in \mathcal{L}^1(\mathbb{R}).$$

D'où par dérivation sous le signe intégral, on obtient

$$\varphi'(t) = \frac{1}{\sqrt{2\pi}} \int_{\mathbb{R}} ix\, e^{itx-x^2/2}\,dx.$$

À l'aide d'une intégration par parties (en dérivant $i\,e^{itx}$ et en intégrant $x\,e^{-x^2/2}$), on obtient

$$\varphi'(t) = \frac{1}{\sqrt{2\pi}} \int_{\mathbb{R}} t\, e^{itx-x^2/2}\,dx = -t\,\varphi(t).$$

On en déduit que $\varphi(t) = K\, e^{-t^2/2}$ pour une certaine constante K. Or $\varphi(0) = 1$ (car φ est une fonction caractéristique), donc $\varphi(t) = e^{-t^2/2}$.
En utilisant le développement en série entière de φ au voisinage de zéro, on obtient la valeur de $\varphi^{(k)}(0) = i^k\, E(X^k)$ quel que soit k, (cf. Proposition III.5.6).

$$\varphi(t) = e^{-t^2/2} = \sum_{k\geq 0} \frac{(-1)^k t^{2k}}{2^k\, k!} = \sum_{i\geq 0} \frac{\varphi^{(i)}(0)}{i!}\, t^i.$$

On en déduit donc

$$E(X^{2k+1}) = 0 \quad \text{et} \quad E(X^{2k}) = \frac{\varphi^{(2k)}(0)}{(-1)^k} = \frac{(2k)!}{2^k\, k!}.$$

III.13 Ce résultat est le théorème Riemann-Lebesgue. À savoir : pour toute fonction $f \in L^1(\mathbb{R})$, on a

$$\int_{-\infty}^{+\infty} e^{itx} f(x)\,dx \underset{t\to\infty}{\longrightarrow} 0.$$

Si est f est l'indicatrice $1_{[a,b]}$, d'un segment (ou de tout intervalle borné), on obtient le calcul :

$$\int_{-\infty}^{+\infty} e^{itx} f(x)\,dx = \int_a^b e^{itx}\,dx = \frac{1}{it}\left(e^{itb} - e^{ita}\right) \underset{t\to\infty}{\longrightarrow} 0.$$

On peut étendre ce cas particulier à toute combinaison linéaire finie d'indicatrices d'intervalles bornés (appellée *fonction en escalier*).
Dans le cas général, pour $f \in L^1(\mathbb{R})$, on considère une fonction en escalier qui approche f dans L^1. (Par densité des fonctions en escaliers dans $(L^1(\mathbb{R}), \|.\|_1)$.)

(On remarquera qu'une indicatrice d'un ensemble mesurable ou qu'une fonction étagée intégrable est un objet a priori beaucoup plus compliqué qu'une fonction en escalier et que le cas de telles fonctions rentre dans le cas général des fonctions $\mathcal{L}^1$.)

Soient alors $\varepsilon > 0$, g en escalier vérifiant $\int_{\mathbb{R}} |f(x) - g(x)|dx < \varepsilon/2$ et t_0 tel que $\left|\int_{\mathbb{R}} e^{itx}\, g(x)\,dx\right| < \varepsilon/2$ pour tout $t > t_0$.
On a

$$\begin{aligned}\left|\int_{-\infty}^{+\infty} e^{itx} f(x)\,dx\right| &= \left|\int_{-\infty}^{+\infty} e^{itx}(f(x) - g(x))\,dx + \int_{-\infty}^{+\infty} e^{itx}\, g(x)\,dx\right| \\ &\le \int_{-\infty}^{+\infty} |f(x) - g(x)|dx + \left|\int_{-\infty}^{+\infty} e^{itx}\, g(x)\,dx\right| \\ &\le \varepsilon/2 + \varepsilon/2 = \varepsilon \quad \text{pour } t > t_0.\end{aligned}$$

Le réel ε étant arbitraire, on en déduit que pour toute fonction intégrable f :

$$\int_{\mathbb{R}} e^{itx} f(x)\,dx \underset{t\to\infty}{\longrightarrow} 0.$$

En particulier $\lim_{t\to\infty} \varphi^X(t) = 0$. □

On suppose désormais que la densité f admet une dérivée f' intégrable. Ceci implique que, nécessairement, $f(x) \underset{t\to\infty}{\longrightarrow} 0$. En effet la fonction

$$x \mapsto \int_0^x f'(t)\,dt$$

admet une limite quand x tend vers $+\infty$, donc f admet une limite en $+\infty$ et nécessairement cette limite est nulle pour que f soit intégrable. Le même raisonnement est valable pour $-\infty$. Une intégration par parties dans $\int_{\mathbb{R}} e^{itx} f(x)\,dx$

donne

$$\varphi^X(t) = \frac{1}{it}\left[e^{itx}f(x)\right]_{-\infty}^{+\infty} - \frac{1}{it}\int_{-\infty}^{+\infty} f'(x)e^{itx}\,dx$$
$$= -\frac{1}{it}\int_{-\infty}^{+\infty} f'(x)e^{itx}\,dx = o(t^{-1}) \text{ par Riemann-Lebesgue.}$$

Ces calculs se généralisent sans difficulté si les dérivées $f^{(1)},\ldots,f^{(k)}$ sont intégrables pour obtenir le résultat

$$\varphi^X(t) = o(|t|^{-k}) \quad \text{quand } t \to \infty.$$ □

III.14 Notons X une variable aléatoire dont la loi est donnée par la mesure P. La série (de Bertrand) $\sum \frac{1}{n\ln n}$ est divergente et donc X n'est pas intégrable :

$$E(|X|) = \sum_{n\in\mathbb{Z},\ |n|\geq 2} \frac{c\,n}{n^2\ln n} = \infty.$$

Donc X n'admet pas de moment d'ordre 1. Néanmoins, sa fonction caractéristique φ est dérivable en 0 comme le prouvent les calculs suivants :

$$\varphi(t) = E(e^{itX}) = \sum_{n\in\mathbb{Z},\ |n|\geq 2} \frac{c\,e^{itn}}{n^2\ln n} = 2\sum_{n\geq 2}\frac{c\cos(tn)}{n^2\ln n},$$

par conséquent

$$\frac{\varphi(t)-\varphi(0)}{t} = 2\sum_{n\geq 2}\frac{c\,(\cos(tn)-1)}{t\,n^2\ln n} = -4\sum_{n\geq 2}\frac{c\,\sin^2(nt/2)}{t\,n^2\ln n} =$$
$$-\,4c(f_N(t)+g_N(t)),$$

où N est un entier quelconque. Utilisant l'inégalité $|\sin x| \leq |x|$, on obtient

$$f_N(t) \leq \sum_{n=2}^{N}\frac{t}{4n^2\ln n} \leq tN. \qquad \text{(III.7)}$$

D'autre part

$$g_N(t) \leq \sum_{n\geq N+1}\frac{1}{t\,n^2\ln n} \leq \int_N^{+\infty}\frac{1}{t\,u^2\ln(u)}\,du$$
$$\leq \frac{1}{t\ln N}\int_N^{+\infty}\frac{1}{u^2}\,du = \frac{1}{t\,N\,\ln(N)}. \qquad \text{(III.8)}$$

On pose alors $\psi(t) = \frac{1}{t\sqrt{-\ln(t)}}$ et $N(t) = \lfloor\psi(t)\rfloor$ (partie entière de $\psi(t)$). Il est clair que $\lim_{t\to 0}\psi(t) = +\infty$ et qu'on a donc aussi $\psi(t) \underset{t\to 0}{\sim} N(t)$.

Utilisant les inégalités (III.7) et (III.8), on obtient

$$f_{N(t)}(t) \leq tN(t) \qquad \text{et} \qquad g_{N(t)}(t) \leq \frac{1}{tN(t)\ln(N(t))}.$$

De plus

$$tN(t) \sim \frac{t}{t\sqrt{-\ln(t)}} \underset{t\to 0}{\to} 0 \quad \text{donc } f_{N(t)}(t) \underset{t\to 0}{\to} 0,$$

et

$$\frac{1}{tN(t)\ln(N(t))} \sim \frac{1}{t\frac{1}{t\sqrt{-\ln(t)}}\ln(\frac{1}{t\sqrt{-\ln(t)}})} \sim \frac{-\sqrt{-\ln(t)}}{\ln(t\sqrt{-\ln t})} \sim \frac{1}{\sqrt{-\ln t}} \underset{t\to 0}{\to} 0,$$

donc $g_{N(t)}(t) \underset{t\to 0}{\to} 0$.

Finalement

$$\frac{\varphi(t)-\varphi(0)}{t} = -4c\big(f_{N(t)}(t) + g_{N(t)}(t)\big) \underset{t\to 0}{\to} 0,$$

et donc φ est dérivable en 0 avec $\varphi'(0) = 0$. □

III.15 On remarque que g est bien définie et positive sur $\mathbb{R}^{+*}$. En effet :

$$\forall a > 0,\ \forall t \geq a,\ 0 \leq \frac{f(t)}{t} \leq \frac{f(t)}{a},$$

donc $t \mapsto \frac{f(t)}{t}$ est intégrable sur $[a, +\infty[$ et ainsi, g est définie en a et $g(a) \geq 0$. La fonction g étant paire, pour vérifier qu'elle est une densité de probabilité, il faut vérifier que $\int_0^{+\infty} g(x)\,dx = 1/2$. D'après le théorème de Fubini-Tonelli (voir Théorème II.5.1)

$$\int_0^{+\infty} g(x)\,dx = \iint_\Delta \frac{f(t)}{t}\,dtdx = \int_0^{+\infty}\Big(\int_0^t \frac{f(t)}{t}\,dx\Big)\,dt = \int_0^{+\infty} f(t)\,dt = 1/2,$$

en désignant par Δ l'ensemble $\{(x,t),\ 0 \leq x \leq t\}$.

La fonction g est donc une densité de probabilité et si Y est une variable aléatoire admettant g pour densité, sa fonction caractéristique, qu'on notera ψ, est définie par

$$\psi(t) = E(e^{itY}) = \int_{\mathbb{R}} e^{ity}\,g(y)\,dy = 2\int_0^{+\infty} \cos(ty)\,g(y)\,dy,$$

car g est paire. On a

$$\psi(t) = 2\int_0^{+\infty}\Big(\int_y^{+\infty} \frac{f(x)}{x}\cos(ty)\,dx\Big)\,dy,$$

et à nouveau par le théorème de Fubini-Tonelli :

$$\psi(t) = 2\int_0^{+\infty}\left(\int_0^x \frac{\cos(ty)\,f(x)}{x}dy\right)dx = \frac{2}{t}\int_0^{+\infty}\frac{\sin(tx)\,f(x)}{x}dx.$$

Il reste à vérifier que

$$2\int_0^{+\infty}\frac{\sin(tx)\,f(x)}{x}dx = \int_0^t \varphi(s)\,ds. \tag{III.9}$$

En invoquant le théorème de dérivation sous le signe $\int$, on remarque que la fonction de t définie dans le premier membre de l'équation (III.9) est dérivable et sa dérivée vaut

$$t \mapsto 2\int_0^{+\infty}\cos(tx)\,f(x)\,dx = \varphi(t).$$

D'autre part, φ étant continue, la dérivée du second membre vaut $\varphi(t)$. L'identité (III.9) étant valable pour $t = 0$, on en déduit que

$$\forall t \in \mathbb{R},\quad \psi(t) = \frac{1}{t}\int_0^t \varphi(s)\,ds. \qquad \square$$

IV

INDÉPENDANCE

Énoncés

IV.1 Une urne contient r boules rouges et b boules blanches. On tire ces boules une à une, sans remise, jusqu'à épuisement. Pour $0 \leq k \leq b$, quelle est la probabilité pour qu'exactement k boules blanches soient tirées avant la première boule rouge ?

IV.2 Deux joueurs A et B jouent une suite de parties indépendantes. Lors de chacune d'elles, ils ont respectivement les probabilités p pour A et $q = 1 - p$ pour B de gagner. Le vainqueur final est celui des deux joueurs qui le premier obtient 2 victoires de plus que son adversaire. Quelle est la probabilité pour que A soit vainqueur ?

IV.3 Soit $\Omega = [\,0, 1\,]$ muni de sa tribu borélienne et P la mesure de Lebesgue sur $[\,0, 1\,]$. Soit, pour tout $n \geq 1$,

$$A_n = \bigcup_{1 \leq k \leq 2^{n-1}} \left] \frac{2(k-1)}{2^n}, \frac{2k-1}{2^n} \right] .$$

Montrer que la famille $(A_n)_{n \geq 1}$ est mutuellement indépendante.

IV.4 Soient X et Y deux variables définies sur $(\Omega, \mathcal{A}, P)$, ne pouvant prendre que deux valeurs distinctes. Montrer que X et Y sont indépendantes si et seulement si $E(XY) = E(X)E(Y)$.

Indication : si X prend les valeurs x_1, x_2 et Y les valeurs y_1, y_2, déduire de l'hypothèse que

$$E\big((X - x_i)(Y - y_j)\big) = E(X - x_i)E(Y - y_j)\,,\ \ i, j = 1, 2\,.$$

IV.5 Soit X une variable aléatoire réelle et soient f et g deux fonctions croissantes de $\mathbb{R}$ dans $\mathbb{R}$. On suppose que $E(f(X)^2) < \infty$ et $E(g(X)^2) < \infty$. Démontrer que

$$E\big(f(X)g(X)\big) \geq E\big(f(X)\big)E\big(g(X)\big)\,.$$

Indication : remarquer que $(f(x) - f(y))(g(x) - g(y)) \geq 0$ pour tous $x, y \in \mathbb{R}$ et utiliser le théorème de Fubini après avoir introduit une variable Y indépendante de X et de même loi que X.

En déduire que si $|X| < 1$ p.s.,

$$E\Big(\frac{1}{1 - X^2}\Big) \leq E\Big(\frac{1}{1 - X}\Big)\Big(\frac{1}{1 + X}\Big)\,.$$

IV.6 Soient X et Y deux variables aléatoires indépendantes, de même loi exponentielle de densité $f_\theta(x) = \theta e^{-\theta x}\mathbb{1}_{[0,\infty[}(x)$, $\theta > 0$. Déterminer les densités des lois de X^3, $|X - Y|$, $\min(X, Y^3)$. Même question lorsque X et Y suivent la loi uniforme sur $[-1, 1]$.

IV.7 Soient F et G deux fonctions de répartition et U une variable aléatoire de loi uniforme sur $]0, 1[$. Montrer que $V(x, y) = \min(F(x), G(y))$ est la fonction de répartition du vecteur aléatoire $(F^{\leftarrow}(U), G^{\leftarrow}(U))$. En particulier, V est de marges F et G.
Montrer que si H est une fonction de répartition sur $\mathbb{R}^2$ de marges F et G, alors $H \leq V$.

IV.8 Soient X_i, $1 \leq i \leq n$, des variables aléatoires indépendantes, X_i étant de fonction de répartition F_i. Soit $m_n = \min_{1\leq i\leq n} X_i$ et $M_n = \max_{1\leq i\leq n} X_i$, Montrer que la fonction de répartition de M_n en x est $\prod_{1\leq i\leq n} F_i(x)$, que celle de m_n est $1 - \prod_{1\leq i\leq n}(1 - F_i(x))$ et que

$$P\{\, x_1 < m_n \leq M_n \leq x_2 \,\} = \prod_{1\leq i\leq n} (F_i(x_2) - F_i(x_1))\,.$$

Indication : $\{\, M_n \leq x \,\} = \bigcap_{1\leq i\leq n}\{\, X_i \leq x \,\}$.

IV.9 Soient $X_1, \ldots, X_n$ des variables indépendantes de même loi exponentielle de paramètre 1. Montrer que $P\{\, \exists i, j \, : \, X_i = X_j \,\} = 0$. On pose

$$Z = \min_{1 \le i \le n} X_i \quad \text{et} \quad N = \min\{\, 1 \le i \le n \, : \, X_i = Z \,\}.$$

Déterminer la loi de Z. Établir que

$$P\{\, N = k\,,\, Z > t \,\} = e^{-nt}/n\,, \quad k = 1, \ldots, n\,, \quad t > 0\,.$$

En déduire que Z et N sont des variables aléatoires indépendantes et préciser la loi de N.

IV.10 Soit P une loi sur $\mathbb{R}$ dont on suppose qu'elle admet une transformée de Laplace $L(t) = \int e^{tx}\, dP(x)$ pour $|t|$ petit. Soit P^{*n} la n-ième convoluée de P avec elle-même, définie par $P^{*1} = P$ et $P^{*n} = P^{*(n-1)} * P$ (i.e. P^{*n} est la loi d'une somme de n variables aléatoires indépendantes de loi P). Soit t tel que $L(t)$ existe et soit P_t la loi définie par sa densité $\dfrac{dP_t}{dP} = \dfrac{e^{tx}}{L(t)}$. Montrer que P_t^{*n} admet une densité par rapport à P^{*n} donnée par $\dfrac{dP_t^{*n}}{dP^{*n}} = \dfrac{e^{tx}}{L(t)^n}$. Montrer que $P^{*n}([\, x, \infty\, [) \le e^{-tx} L(t)^n P_t^{*n}([\, x, \infty\, [)$ pour $t > 0$ (comparer cette inégalité avec celle de Chernoff, Exemples III.4.10.iii)).

IV.11 On appelle loi gamma de paramètre $p > 0$ et on note γ_p la loi de densité $\gamma_p(x) = (\Gamma(p))^{-1} x^{p-1} e^{-x}$ sur $\mathbb{R}^+$, où $\Gamma(p)$ assure que $\int \gamma_p(x)\, dx = 1$. Montrer que $\Gamma(p) = (p-1)\Gamma(p-1)$ et que pour p entier, $\Gamma(p) = (p-1)!$.
Montrer que $\Gamma_p * \Gamma_q = \Gamma_{p+q}$. En déduire la loi de $\lambda_1 + \cdots + \lambda_n$ où les λ_i sont des variables aléatoires indépendantes et de loi exponentielle de paramètre 1.
Montrer que la fonction caractéristique de la loi Γ_p est $(1 - it)^{-p}$.
Soit maintenant $(X_i)_{i \ge 1}$ une suite de variables aléatoires indépendantes et de même loi exponentielle. Soit $S_n = X_1 + \cdots + X_n$ leur somme. Pour $t \ge 0$, soit $N(t) = \mathrm{card}\{\, i \, : \, S_i \le t \,\}$. En évaluant $P\{\, N(t) \ge k \,\}$, montrer que $N(t)$ suit une loi de Poisson de paramètre t.

IV.12 Soient $X_1, \ldots, X_n, X_{n+1}$ des variables aléatoires indépendantes de loi exponentielle de paramètre 1. Calculer la loi de la somme $S_k = X_1 + \cdots + X_k$, $1 \le k \le n+1$. Démontrer que la loi du vecteur $(U_1, \ldots, U_n)$ défini par $U_i = S_i / S_{n+1}$, $i = 1, \ldots, n$, a une densité par rapport à la mesure de Lebesgue sur $\mathbb{R}^n$ donnée par $n!\, \mathbb{1}_D$, où

$$D = \left\{\, x = (x_1, \ldots, x_n) \in \mathbb{R}^n \,;\, 0 \le x_1 \le \cdots \le x_n \le 1 \,\right\}.$$

IV.13 Soient $X_1, \ldots, X_n$ des variables aléatoires réelles, indépendantes, de même loi de fonction de répartition F ayant une densité f. Ces variables, ordonnées par ordre croissant, sont notées $X_{1,n} \leq X_{2,n} \leq \cdots \leq X_{n,n}$. Clairement les $X_{i,n}$, $1 \leq i \leq n$, ne sont pas indépendantes puisque par construction $X_{i,n} \leq X_{i+1,n}$.

a) Montrer que la probabilité que k des variables $X_1, \ldots, X_n$ soient inférieures à x et $n-k$ soient supérieures à x est $\mathrm{C}_n^k F(x)^k (1-F(x))^{n-k}$. En déduire que $P\{X_{i,n} \leq x\} = \sum_{i \leq k \leq n} \mathrm{C}_n^k F(x)^k (1-F(x))^{n-k}$, et que $X_{i,n}$ admet une densité

$$f_{i,n}(x) = i\,\mathrm{C}_n^i\, f(x) F(x)^{i-1} \big(1-F(x)\big)^{n-i}, \quad x \in \mathbb{R}.$$

b) Montrer par un argument analogue que pour $x, y \in \mathbb{R}$

$$P\{X_{i,n} \leq x; X_{i+1,n} > y\} = \mathrm{C}_n^i F(x)^i \big(1-F(y)\big)^{n-i}.$$

c) En déduire la fonction de répartition du couple $(X_{i,n}, X_{i+1,n})$.

d) Montrer que le couple $(X_{i,n}, X_{i+1,n})$ admet une densité

$$f_{i,i+1,n}(x,y) = i(n-i)\mathrm{C}_n^i f(x) f(y) F(x)^{i-1} \big(1-F(y)\big)^{n-i-1}, \quad -\infty < x < y < \infty.$$

e) Soit $S_{i+1,n} = X_{i+1,n} - X_{i,n}$. Montrer que le couple $(X_{i,n}, S_{i+1,n})$ admet pour densité

$$g(x,s) = i(n-i)\mathrm{C}_n^i f(x) f(x+s) F(x)^{i-1} \big(1-F(x+s)\big)^{n-i-1}, \quad x \in \mathbb{R},\ s \geq 0.$$

f) Supposons les X_i de loi exponentielle de paramètre 1. Montrer qu'alors $S_{i+1,n}$ est de loi exponentielle de paramètre $n-i$.

IV.14 Soit $(X_n)_{n \in \mathbb{N}}$ une suite de variables aléatoires indépendantes, de même loi de Bernoulli de paramètre p. Pour tout $n \geq 1$, on définit par récurence, $T_n = \inf\{k > T_{n-1}\,;\, X_k = 1\}$ si cet infimum est fini, $T_n = \infty$ sinon, et $T_0 = 0$. Démontrer que les variables aléatoires T_1, $T_2 - T_1, \ldots, T_n - T_{n-1}, \ldots$ sont indépendantes et de même loi. Calculer la loi de T_1 et sa fonction caractéristique. En déduire la loi de T_n.

IV.15 Versions du lemme de Borel-Cantelli.

a) Si $\sum_{n\geq 1} P(A_n) = \infty$ et $\liminf_{n\to\infty} \dfrac{\left(\sum_{1\leq i\leq n} P(A_i)\right)^2}{\sum_{1\leq i\leq n}\sum_{1\leq j\leq n} P(A_i\cap A_j)} = 1$ alors $P(A_n \text{ i.s. }) = 1$ (Rényi).

Indication : appliquer l'inégalité de l'exercice III.6.10 à $X = \sum_{1\leq i\leq n} \mathbb{1}_{A_i}$ pour tout $n \geq 1$ pour démontrer que $\sum_{i\geq 1} \mathbb{1}_{A_i} = \infty$ p.s.

b) Si $\sum_{n\geq 1} P(A_n) = \infty$ et $P(A_i \cap A_j) \leq cP(A_i)P(A_j)$ pour un $c > 0$ et tous $i \neq j$, alors $P(A_n \text{ i.s.}) > 0$ (Kotska).

IV.16 Inégalité de Kolmogorov. Soient $X_1, \ldots, X_n$ des variables aléatoires indépendantes d'espérance 0 et de variance finie. Soit $S_n = X_1 + \cdots + X_n$. Montrer l'inégalité de Kolmogorov,

$$P\Big\{ \max_{1\leq k\leq n} |S_k| \geq t \Big\} \leq t^{-2} \sum_{1\leq i\leq n} \mathrm{Var}(X_i)$$

pour tout $t > 0$.

Indication : considérer les événements disjoints

$$A_k = \bigcap_{j<k} \{ |S_j| < t \} \cap \{ |S_k| \geq t \}, \qquad 1 \leq k \leq n,$$

et commencer par montrer la minoration

$$E(S_n^2) \geq \sum_{1\leq k\leq n} \int_{A_k} S_k^2 \, dP.$$

Puis utiliser l'inégalité de Markov,

$$P(A_k) \leq t^{-2} \int_{A_k} S_k^2 \, dP.$$

IV.17 Trouver une fonction h de $\mathbb{R}$ dans $\mathbb{R}$ et un réel $c > 0$ tel que la fonction

$$f(x,y) = \frac{c^2}{2\pi} e^{-(x^2+y^2)/2} + h(x)h(y), \qquad (x,y) \in \mathbb{R}^2,$$

soit la densité de la loi d'un vecteur non gaussien de $\mathbb{R}^2$, dont les lois marginales sont gaussiennes.

IV.18 Soit (X,Y) un vecteur gaussien, centré, à valeurs dans $\mathbb{R}^2$, de matrice de covariance $\Sigma = \left(\begin{smallmatrix} 3 & 6 \\ 6 & 12 \end{smallmatrix}\right)$. Démontrer que X et Y sont proportionnelles.

IV.19 Soit X une variable aléatoire suivant une loi $\mathcal{N}(0,1)$, et soit ε une variable de Bernoulli telle que $P\{\varepsilon = 1\} = P\{\varepsilon = -1\} = 1/2$, indépendante de X. Démontrer que εX et $\varepsilon|X|$ ont même loi que X. Le couple $(X, \varepsilon X)$ est-il gaussien ?

IV.20 Soit X un vecteur gaussien centré, à valeurs dans $\mathbb{R}^d$, et soit Y une copie indépendante de X. On pose $X_\theta = X\cos\theta + Y\sin\theta$ et $X'_\theta = -X\sin\theta + Y\cos\theta$, $\theta \in [\,0, 2\pi\,]$. Démontrer que pour tout θ, X_θ et X'_θ sont indépendantes, de même loi que X.

IV.21 Soient X et Y deux vecteurs aléatoires de $\mathbb{R}^d$, indépendants et de même loi, tels que $X+Y$ et $X-Y$ sont indépendants. On désigne par φ la fonction caractéristique de la loi de X.

a) Montrer que pour tous $s, t \in \mathbb{R}^d$,

$$\varphi(s+t)\varphi(s-t) = \varphi(s)^2 |\varphi(t)|^2 .$$

En déduire l'existence d'une fonction continue ψ sur $\mathbb{R}^d$ telle que $\varphi = e^\psi$.

b) On pose $\psi_p(t) = \frac{1}{2}(\psi(t) + \psi(-t))$ et $\psi_i(t) = \frac{1}{2}(\psi(t) - \psi(-t))$, $t \in \mathbb{R}^d$. Démontrer qu'il existe $m \in \mathbb{R}^d$ tel que $\psi_i(t) = i\langle m, t\rangle$, $t \in \mathbb{R}^d$.

c) Soit $Q(s,t) = \psi_p(s+t) - \psi_p(s) - \psi_p(t)$, $s, t \in \mathbb{R}^d$. Démontrer que Q est réelle, symétrique négative. Établir que Q est bilinéaire.

d) Déduire de ce qui précède que la loi de X est gaussienne.

IV.22 (Lois infiniment divisibles) Soit X une variable aléatoire réelle sur un espace probabilisé $(\Omega, \mathcal{A}, P)$, de loi μ ; on dit que μ est infiniment divisible si, pour chaque entier $n \geq 1$, il existe des variables aléatoires réelles $X_{1,n}, \ldots, X_{n,n}$ indépendantes et de même loi ν_n telles que la loi de la somme $X_{1,n} + \cdots + X_{n,n}$ soit μ.

a) Démontrer qu'une loi μ est infiniment divisible si et seulement si sa fonction caractéristique φ est, pour tout entier $n \geq 1$, la puissance n-ième d'une fonction caractéristique.

b) μ est-elle infiniment divisible dans les cas suivants ?

(i) $\mu = \delta_a$, $a \in \mathbb{R}$.

(ii) μ est la loi gaussienne de moyenne m et de variance σ^2.

(iii) μ est la loi de Poisson de paramètre λ.

(iv) μ est la loi de Cauchy (on rappelle que la fonction caractéristique de la loi de Cauchy est donnée par $e^{-|t|}$).

c) Soit X de loi μ de Bernoulli sur $\{0, 1\}$ de paramètre $0 < p < 1$; soient également Y et Z des variables aléatoires indépendantes de loi commune ν telles que la somme $Y + Z$ soit de loi μ.

(i) Si B est un intervalle ne contenant pas 0 et 1/2, démontrer que $\mu(B + B) = 0$ (où $B + B = \{x + y \, : \, x, y \in B\}$). En déduire que $\nu \otimes \nu(B \times B) = 0$.

(ii) Déduire de la question précédente que Y ne peut prendre que les valeurs 0 et 1/2.

(iii) Conclure que μ n'est pas infiniment divisible.

d) Soit φ une fonction caractéristique et soit $\lambda > 0$. On définit

$$\Phi(t) = e^{\lambda(\varphi(t)-1)}, \quad t \in \mathbb{R}.$$

Sur $(\Omega, \mathcal{A}, P)$, on considère une suite $(X_n)_{n \in \mathbb{N}}$ de variables aléatoires indépendantes de même loi de fonction caractéristique φ, ainsi qu'un variable aléatoire N suivant une loi de Poisson de paramètre λ, indépendante de la suite $(X_n)_{n \in \mathbb{N}}$. Pour chaque $\omega \in \Omega$, on pose

$$Y(\omega) = \sum_{1 \leq k \leq N(\omega)} X_k(\omega)$$

(avec la convention $\sum_{1 \leq k \leq 0} = 0$). Démontrer que Y est une variable aléatoire de fonction caractéristique Φ. Montrer que la loi de Y est infiniment divisible.

Solutions

IV.1 On note B_i l'évènement $\{$ la i^e boule tirée est blanche $\}$. L'évènement considéré s'écrit alors $B_1 \cap B_2 \cap \cdots \cap B_k \cap \overline{B}_{k+1}$. Les tirages se faisant sans remise, les évènements B_i ne sont pas indépendants. Néanmoins, on a :

$$P(B_1 \cap B_2 \cap \cdots \cap B_k \cap \overline{B}_{k+1}) = P(B_1)\, P(B_2 \mid B_1 \cap B_2) \cdots P(\overline{B}_{k+1} \mid B_1 \cap \cdots \cap B_k).$$

La probabilité cherchée est donc

$$\frac{b}{b+r}\,\frac{b-1}{b+r-1} \cdots \frac{b-k+1}{b+r-k+1}\,\frac{r}{b+r-k}. \qquad \square$$

IV.2 Le vainqueur ne peut être désigné qu'après un nombre pair de parties. On considère les évènements $\mathcal{G} = \{\, A \text{ gagne} \,\}$, $\mathcal{G}_{2n} = \{\, A \text{ gagne après } 2n \text{ parties} \,\}$, puis
$\mathcal{E}_{2k} = \{$ après $2k$ parties aucun vainqueur n'est encore désigné $\}$.
On a alors

$$\mathcal{G} = \bigcup_{n \geq 1} \mathcal{G}_{2n} = \bigcup_{k \geq 0} \left(\mathcal{E}_{2k} \cap \{\, A \text{ gagne les parties } 2k+1 \text{ et } 2k+2 \,\}\right).$$

On en déduit que $P(\mathcal{G}) = \sum_{k \geq 0} P(\mathcal{E}_{2k})\, p^2$. D'autre part, on a facilement $P(\mathcal{E}_{2k+2}) = P(\mathcal{E}_{2k})\, 2pq$, donc quel que soit $k \geq 0$, $P(\mathcal{E}_{2k}) = (2pq)^k$ et finalement

$$P(\mathcal{G}) = \sum_{k \geq 0} (2pq)^k p^2 = \frac{p^2}{1-2pq}. \qquad \square$$

IV.3 Pour $n \in \mathbb{N}^*$, on pose

$$A_n = \bigcup_{1 \leq k \leq 2^{n-1}} \left] \frac{2(k-1)}{2^n}, \frac{2k-1}{2^n} \right].$$

Par définition, la famille des évènements A_n est indépendante si pour toute partie finie J de $\mathbb{N}$, on a

$$P\Big(\bigcap_{j \in J} A_j\Big) = \prod_{j \in J} P(A_j).$$

Il suffit alors de remarquer que, quel que soit $i \in \mathbb{N}^*$, $P(A_i) = 1/2$ et que, pour tout k et quel que soit le k-uplet $j_1 < \cdots < j_k$, on a

$$P(A_{j_1} \cap A_{j_2} \cap \cdots \cap A_{j_k}) = \frac{1}{2}\, P(A_{j_1} \cap A_{j_2} \cap \cdots \cap A_{j_{k-1}}).$$

En effet, une partie du type $A_{j_1} \cap A_{j_2} \cap \cdots \cap A_{j_{k-1}}$ est une réunion d'intervalles deux à deux disjoints de longueur $1/2^{j_{k-1}}$ et construire son intersection avec

A_{j_k} consiste à « couper » chacun de ces intervalles en son milieu et à éliminer le « morceau » de droite.
On obtient alors, par récurrence,

$$P(A_{j_1} \cap A_{j_2} \cap \cdots \cap A_{j_k}) = \frac{1}{2^k} = P(A_{j_1})\, P(A_{j_2}) \cdots P(A_{j_k}). \qquad \square$$

IV.4 Les variables X et Y sont indépendantes si et seulement si, pour tout couple (i, j) :

$$P\{X = x_i\,;\, Y = y_j\} = P\{X = x_i\}\, P\{Y = y_j\}.$$

De l'hypothèse $E(XY) = E(X)E(Y)$, on déduit, par linéarité de l'espérance :

$$E((X - x_i)(Y - y_j)) = E(X - x_i)E(Y - y_j).$$

Et cette dernière égalité s'écrit

$$(x_j - x_i)(y_i - y_j)P\{X = x_j\,;\, Y = y_i\} = (x_j - x_i)P\{X = x_j\}\,(y_i - y_j)P\{Y = y_i\}$$

d'où

$$P\{X = x_j\,;\, Y = y_i\} = P\{X = x_j\}\, P\{Y = y_i\},$$

et les variables X et Y sont bien indépendantes. $\square$

IV.5 Les fonctions f et g étant toutes les deux croissantes, quels que soient x et y, $f(x) - f(y)$ et $g(x) - g(y)$ sont de même signe et donc, pour tous $x, y \in \mathbb{R}$

$$(f(x) - f(y))\,(g(x) - g(y)) \geq 0.$$

Soient alors X et Y indépendantes et de même loi. Après avoir remarqué que $f(X)g(X) \in \mathcal{L}^1$ (car $f(X)$ et $g(X)$ sont dans $\mathcal{L}^2$), on utilise le fait que

$$(f(X) - f(Y))\,(g(X) - g(Y)) \geq 0.$$

On a donc :

$$E\left((f(X) - f(Y))\,(g(X) - g(Y))\right) \geq 0. \qquad \text{(IV.1)}$$

On rappelle que $f(X)$ et $g(Y)$ sont indépendantes et qu'on peut alors écrire que $E\left(f(X)g(Y)\right) = E\left(f(X)\right)E\left(g(Y)\right)$. Il en est de même des variables $f(X)$ et $f(Y)$, $g(X)$ et $g(Y)$ et $f(Y)$ et $g(X)$.
On rappelle aussi que $E(f(X)) = E(f(Y))$ et $E(g(X)) = E(g(Y))$. L'inégalité (IV.1) devient

$$E\left(f(X)g(X)\right) \geq E\left(f(X)\right)E\left(g(X)\right). \qquad \square$$

On applique ce résultat à la variable X vérifiant $|X| < 1$ et aux fonctions $f(x) = 1/(1-x)$ et $g(x) = -1/(1+x)$ qui sont croissantes sur $]-1,1[$. On obtient

$$E\left(\frac{1}{1-X^2}\right) = E\left(\left(\frac{1}{1-X}\right)\left(\frac{-1}{1+X}\right)\right) \geq E\left(\frac{1}{1-X}\right) E\left(\frac{-1}{1+X}\right),$$

c'est-à-dire

$$E\left(\frac{1}{1-X^2}\right) \leq E\left(\frac{1}{1-X}\right) E\left(\frac{1}{1+X}\right). \qquad \square$$

IV.6 Les différentes variables aléatoires considérées ont une fonction de répartition continue et dérivable sauf en un nombre fini de points (ici au point 0). On vérifie, de plus, que cette fonction de répartition est de classe $\mathcal{C}^1$ sur les intervalles sur lesquels elle est dérivable (ici $\mathbb{R}^{+*}$ et $\mathbb{R}^{-*}$). Dérivant cette fonction de répartition, on obtient une densité de la variable aléatoire par rapport à la mesure de Lebesgue, (i.e. $F(x) = \int_{-\infty}^{x} F'(t)\,dt$).
Dans le cas où X suit la loi exponentielle de paramètre θ, X prend, presque sûrement, des valeurs positives, et donc X^3 aussi. D'autre part pour tout $t > 0$,

$$P\{X^3 \leq t\} = P\{X \leq \sqrt[3]{t}\} = 1 - e^{-\theta \sqrt[3]{t}}.$$

La fontion de répartition de la variable X^3 est donc $t \mapsto \begin{cases} 1 - e^{-\theta \sqrt[3]{t}} & \text{si } t > 0, \\ 0 & \text{sinon.} \end{cases}$

Elle est continue et de classe $\mathcal{C}^1$ sur $\mathbb{R}^{+*}$ donc X^3 admet la densité (obtenue en dérivant sa fonction de répartition) :

$$t \mapsto \begin{cases} \frac{\theta}{3} t^{-2/3} e^{-\theta \sqrt[3]{t}} & \text{si } t > 0, \\ 0 & \text{sinon.} \end{cases}$$

On pose $Z = \min(X, Y^3)$. Les variables X et Y^3 étant indépendantes, on a pour $t > 0$:

$$P\{Z > t\} = P(\{X > t\} \cap \{Y^3 > t\}) = P\{X > t\}\,P\{Y^3 > t\} = e^{-\theta t}\, e^{-\theta \sqrt[3]{t}}.$$

On en déduit la densité de Z :

$$t \mapsto \begin{cases} \theta(1 + \frac{1}{3} t^{-2/3})\, e^{-\theta(t + \sqrt[3]{t})} & \text{si } t > 0, \\ 0 & \text{sinon.} \end{cases}$$

On pose $W = |X - Y|$. Pour $t > 0$, $\{W \leq t\} = \{(X,Y) \in \Delta_t\}$ où

$$\Delta_t = \{(x,y) \in \mathbb{R}^2,\ |x - y| \leq t\}.$$

Les variables X et Y étant indépendantes, on connait la loi du couple (X, Y) : il admet la densité

$$(x, y) \mapsto \mu(x, y) := \begin{cases} \theta^2 \, e^{-\theta(x+y)} & \text{si } (x, y) \in \mathbb{R}^2, \\ 0 & \text{sinon.} \end{cases}$$

Pour le calcul de $P\{(X, Y) \in \Delta_t\} = \iint_{\Delta_t} \mu(x, y)\, dx\, dy$, il convient de « partitionner » Δ_t en posant $\Delta_t = \Delta_1 \cup \Delta_2$, où $\Delta_1 = \Delta_t \cap \{0 \leq x \leq t\}$ et $\Delta_2 = \Delta_t \cap \{t < x\}$. On a alors :

$$\begin{aligned} P\{W \leq t\} &= \iint_{\Delta_1} \mu(x, y)\, dx\, dy + \iint_{\Delta_2} \mu(x, y)\, dx\, dy \\ &= \int_0^t \left(\int_0^{x+t} \theta^2 \, e^{-\theta(x+y)} \, dy \right) dx + \int_t^{+\infty} \left(\int_{x-t}^{x+t} \theta^2 \, e^{-\theta(x+y)} \, dy \right) dx \\ &= \int_0^t \theta \, e^{-\theta x} - \theta e^{-2\theta x} \, e^{-\theta t} \, dx + \int_t^{+\infty} \theta \, e^{-2\theta x} \, e^{\theta t} - \theta e^{-2\theta x} \, e^{-\theta t} \, dx \\ &= 1 - e^{-\theta t}. \end{aligned}$$

Donc $|X - Y|$ suit la loi exponentielle de paramètre θ.

La méthode est identique dans la cas où X suit une loi uniforme sur $[-1, 1]$:

$$P\{X^3 \leq t\} = P\{X \leq \sqrt[3]{t}\} = \frac{\sqrt[3]{t} + 1}{2}, \quad -1 < t < 1.$$

Ainsi X^3 admet la densité

$$t \mapsto \begin{cases} \frac{1}{6} \, t^{-2/3} & \text{si } -1 < t < 1, \\ 0 & \text{sinon.} \end{cases}$$

Si $Z := \min(X^3, Y)$, on a pour $-1 \leq t \leq 1$,

$$P\{Z > t\} = P(\{X > t\} \cap \{Y^3 > t\}) = P\{X > t\} \, P\{Y^3 > t\} = \frac{1 - t}{2} \, \frac{1 - \sqrt[3]{t}}{2}.$$

On en déduit la densité de Z :

$$t \mapsto \begin{cases} \frac{1}{12}(-4\sqrt[3]{t} + 3 + t^{-2/3}) & \text{si } -1 < t < 1, \\ 0 & \text{sinon.} \end{cases}$$

La variable $W := |X - Y|$, prend ses valeurs dans $[0, 2]$ et le couple (X, Y) suit une loi uniforme sur le carré $[-1, 1] \times [-1, 1]$, c'est-à-dire à densité constante sur $[-1,1] \times [-1,1]$. Pour $0 \leq t \leq 2$, on a (avec, pour Δ_t, la même définition que précédemment) :

$$P\{W \leq t\} = \iint_{\Delta_t \cap [-1,1]\times[-1,1]} \frac{1}{4}\, dx\, dy = t - \frac{t^2}{4}.$$

D'où la densité de $|X - Y|$ définie par :

$$t \mapsto \begin{cases} \frac{1}{2}(2-t) & \text{si } 0 < t < 2, \\ 0 & \text{sinon.} \end{cases}$$

IV.7 Pour tout $u \in \mathbb{R}$, on a $F(F^{\leftarrow}(u)) \geq u$. En effet si $v = F^{\leftarrow}(u)$, $v = \inf\{\alpha,\ F(\alpha) \geq u\}$ donc $F(v) \geq u$ car F est continue à droite. On en déduit

$$\{F^{\leftarrow}(U) \leq x\} \subset \{F(F^{\leftarrow}(U)) \leq F(x)\} \subset \{U \leq F(x)\}.$$

On peut bien sûr écrire les mêmes inclusions pour les évènements concernant la fonction G et on obtient

$$P\{F^{\leftarrow}(U) \leq x,\ G^{\leftarrow}(U) \leq y\} \leq \min(F(x), G(y)).$$

D'autre part, par définition de la fonction quantile $F^{\leftarrow}$, pour tout réel x,

$$F^{\leftarrow}(F(x)) \leq x. \tag{IV.2}$$

On a alors

$$\{U \leq F(x)\} \subset \{F^{\leftarrow}(U) \leq F^{\leftarrow}(F(x))\} \quad \text{car } F^{\leftarrow} \text{ est croissante,}$$

puis

$$\{U \leq F(x)\} \subset \{F^{\leftarrow}(U) \leq x\} \quad \text{par (IV.2).}$$

Utilisant les mêmes inégalités pour la fonction $G^{\leftarrow}$, on a

$$\begin{aligned} \{U \leq F(x)\} \cap \{U \leq G(y)\} &= \{U \leq \min(F(x), G(y))\} \\ &\subset \{F^{\leftarrow}(U) \leq x\} \cap \{G^{\leftarrow}(U) \leq y\}, \end{aligned}$$

et, passant aux probabilités, on obtient l'inégalité

$$\min(F(x), G(y)) \leq P\{F^{\leftarrow}(U) \leq x,\ G^{\leftarrow}(U) \leq y\}. \qquad \square$$

Donc V est bien la fonction de répartition du couple $(F^{\leftarrow}(U), G^{\leftarrow}(U))$. Ses marges ont F et G pour fonction de répartition (voir Proposition III.2.7).

□

Soit H la fonction de répartition d'un couple (X, Y), avec F et G fonction de répartition respectives de X et Y. On a $\{X \leq x\} \cap \{Y \leq y\} \subset \{X \leq x\}$ donc $H(x, y) \leq F(x)$. On a la même inégalité pour la fonction G et ainsi $H \leq V$.

□

IV.8 Pour tout réels $x, x_1, \ldots, x_n$, on a l'équivalence

$$\max_{1\leq i\leq n} x_i \leq x \iff \forall i,\ x_i \leq x.$$

On en déduit l'égalité des évènements

$$\{M_n \leq x\} = \bigcap_{1\leq i\leq n} \{X_i \leq x\},$$

et, les variables X_i étant indépendantes, on obtient

$$P\{M_n \leq x\} = \prod_{1\leq i\leq n} P\{X_i \leq x\} = \prod_{1\leq i\leq n} F_i(x). \qquad \square$$

Pour le min des X_i, l'équivalence

$$\min_{1\leq i\leq n} x_i > x \iff \forall i,\ x_i > x$$

donne l'égalité des évènements

$$\{m_n > x\} = \bigcap_{1\leq i\leq n} \{X_i > x\},$$

puis

$$P\{m_n \leq x\} = 1 - \prod_{1\leq i\leq n} P\{X_i > x\} = 1 - \prod_{1\leq i\leq n} (1 - F_i(x)). \qquad \square$$

De même pour l'évènement $\{x_1 < m_n \leq M_n \leq x_2\}$, on a :

$$\{x_1 < m_n \leq M_n \leq x_2\} = \{x_1 < m_n\} \cap \{M_n \leq x_2\} = \bigcap_{1\leq i\leq n} \{x_1 < X_i \leq x_2\}.$$

D'où, par l'indépendance des X_i,

$$P\{x_1 < m_n \leq M_n \leq x_2\} = \prod_{1\leq i\leq n} (F_i(x_2) - F_i(x_1)). \qquad \square$$

IV.9 Le vecteur $(X_1, X_2, \ldots, X_n)$ admet, par rapport à la mesure de Lebesgue sur $\mathbb{R}^n$, la densité f, où $f(x_1, \ldots, x_n) = e^{-x_1} \ldots e^{-x_n}$, donc pour $i \neq j$

$$P\{X_i = X_j\} = \int \cdots \int_{\Delta_{i,j}} f(x_1, \ldots, x_n)\, dx_1 \ldots dx_n = 0$$

car $\Delta_{i,j} := \{(x_1, \ldots, x_n),\ x_i = x_j\}$ est un hyperplan, donc de mesure de Lebesgue nulle. Ainsi $P\{\exists\, i, j : X_i = X_j\} = 0$ car

$$P\{\exists\, i, j : X_i = X_j\} = P\Big\{\bigcup_{i\neq j} \{X_i = X_j\}\Big\} \leq \sum_{i\neq j} P\{X_i = X_j\} = 0. \qquad \square$$

D'autre part $Z \rightsquigarrow \mathcal{E}xp(n)$ car $P\{Z > t\} = P\{\bigcap_i \{X_i > t\}\} = e^{-nt}$ et N suit une loi uniforme sur $\{1, \ldots, n\}$. En effet

$$\begin{aligned} P\{N = 1\} &= P\{X_1 \leq X_2, \ldots, X_n\} \\ &= \int \cdots \int_{\{x_1 \leq x_2, \ldots, x_n\}} f(x_1, \ldots, x_n)\, dx_1 \ldots dx_n \\ &= \int \cdots \int_{\{x_i \leq x_1, \ldots, \check{x}_i, \ldots, x_n\}} f(x_1, \ldots, x_n)\, dx_1 \ldots dx_n \\ &= P\{N = i\}, \quad \text{quel que soit } i. \end{aligned}$$

Enfin

$$\{N = 1, Z > t\} = \{X_1 > t, X_2 \geq X_1, \ldots, X_n \geq X_1\} = \{(X_1, \ldots, X_n) \in \Delta_t\}$$

où $\Delta_t = \{(x_1, \ldots, x_n),\ t < x_1 \leq x_2, \ldots, x_n\}$. Donc

$$\begin{aligned} P\{N = 1, Z > t\} &= \int \cdots \int_{\Delta_t} f(x_1, \ldots, x_n)\, dx_1 \ldots dx_n \\ &= \int_t^{+\infty} \left(\int \cdots \int_{x_1 \leq x_2, \ldots, x_n} e^{-x_2} e^{-x_3} \ldots e^{-x_n}\, dx_2 \ldots dx_n \right) e^{-x_1}\, dx_1 \\ &= \int_t^{+\infty} \left(\int_{x_1}^{+\infty} e^{-u}\, du \right)^{n-1} e^{-x_1}\, dx_1 \\ &= \int_t^{+\infty} e^{-nx_1}\, dx_1 = \frac{e^{-nt}}{n}. \end{aligned}$$

De même, pour tout $1 \leq k \leq n$, on a

$$\begin{aligned} &P\{N = k, Z > t\} \\ &= \int_t^{+\infty} \left(\int \cdots \int_{x_k \leq x_1, \ldots, \check{x}_k, \ldots, x_n} e^{-x_2} \ldots e^{-x_n}\, dx_2 \ldots, d\check{x}_k, \ldots, dx_n \right) e^{-x_k}\, dx_k \\ &= \int_t^{+\infty} e^{-nx_k}\, dx_k = \frac{e^{-nt}}{n} \\ &= P\{N = k\}\, P\{Z > t\},\ \forall t. \end{aligned}$$

Donc N et Z sont indépendantes. □

IV.10 Pour toute fonction borélienne bornée ϕ, on a

$$\begin{aligned}\int_{\mathbb{R}} \phi(u)\, dP_t^{*2}(u) &= \iint_{\mathbb{R}^2} \phi(x+y)\, dP^t(x) \otimes dP^t(y) \\ &= \iint_{\mathbb{R}^2} \phi(x+y) \left(\frac{e^{tx}}{L(t)} dP(x) \otimes \frac{e^{ty}}{L(t)} dP(y) \right) \\ &= \iint_{\mathbb{R}^2} \frac{e^{t(x+y)} \phi(x+y)}{L(t)^2}\, dP(x) \otimes dP(y) \\ &= \int_{\mathbb{R}} \phi(u) \frac{e^{tu}}{L(t)^2}\, dP^{*2}(u).\end{aligned}$$

On obtient donc $\frac{dP_t^{*2}}{dP^{*2}} = \frac{e^{tx}}{L(t)^2}$. Ce résultat se prolonge aisément par récurrence à tout $n \geq 2$:

$$\frac{dP_t^{*n}}{dP^{*n}} = \frac{e^{tx}}{L(t)^n}.$$ □

Pour tout $t > 0$, suffisamment petit,

$$\begin{aligned}P_t^{*n}\big([x, +\infty[\big) &= \frac{1}{L(t)^n} \int_x^{+\infty} e^{tu}\, dP^{*n}(u) \\ &\geq \frac{e^{tx}}{L(t)^n} \int_x^{+\infty} dP^{*n}(u) = \frac{e^{tx}}{L(t)^n} P^{*n}\left([x, +\infty[\right).\end{aligned}$$

On en déduit l'inégalité

$$P^{*n}\big([x, +\infty[\big) \leq L(t)^n\, e^{-tx}\, P_t^{*n}\big([x, +\infty[\big). \tag{IV.3}$$

□

D'autre part, $P^{*n}\big([x, +\infty[\big)$ peut être majoré par l'inégalité de Chernoff (voir Exemple III.4.10.(iii)) :
on considère $(X_i)_i$ une suite de v.a. indépendantes de même loi P. Pour $t > 0$, suffisamment petit :

$$\begin{aligned}P\left\{\sum_{i=1}^n X_i \geq x\right\} &= P\left\{e^{t\sum_{i=1}^n X_i} \geq e^{tx}\right\} \\ &\leq \frac{E\left(e^{t\sum_{i=1}^n X_i}\right)}{e^{tx}} = E\left(e^{tX_1}\right)^n e^{-tx} = L^n(t)\, e^{-tx}.\end{aligned}$$

On obtient alors

$$P^{*n}\left([x, +\infty[\right) \leq L(t)^n\, e^{-tx}. \tag{IV.4}$$

L'inégalité (IV.3) est donc plus fine que l'inégalité (IV.4).

IV.11 La relation de récurrence $\Gamma(p) = (p-1)\Gamma(p-1)$ vient d'une intégration par parties dans l'intégrale $\int_0^{+\infty} x^{p-1}e^{-x}\,dx$. Pour p entier, en réitérant cette relation jusqu'à $p = 1$, on obtient $\Gamma(p) = (p-1)!\,\Gamma(1) = (p-1)!$.
Pour montrer que $\Gamma_p * \Gamma_q = \Gamma_{p+q}$, on peut procéder de deux façons :

- La première utilise les fonctions caractéristiques : la fonction caractéristique de la loi Γ_p, que l'on calculera plus bas, étant $\varphi_p(t) = \frac{1}{(1-it)^p}$, on vérifie que
$$\varphi_p(t)\varphi_q(t) = \varphi_{p+q}(t).$$
On déduit de cette relation et des propriétés des fonctions caractéristiques que $\Gamma_p * \Gamma_q = \Gamma_{p+q}$.

- La deuxième est calculatoire : il suffit de calculer le produit de convolution des deux densités γ_p et γ_q. Pour $x \geq 0$, on a
$$(\gamma_p * \gamma_q)(x) = \int_{-\infty}^{+\infty} \gamma_p(u)\gamma_q(x-u)\,du = \frac{e^{-x}}{\Gamma(p)\Gamma(q)} \int_0^x u^{p-1}(x-u)^{q-1}\,du. \tag{IV.5}$$
En posant $u = xv$ dans la dernière intégrale $\int_0^x u^{p-1}(x-u)^{q-1}\,du$, on obtient
$$\int_0^x u^{p-1}(x-u)^{q-1}\,du = x^{p+q-1}\int_0^1 v^{p-1}(1-v)^{q-1}\,dv.$$
L'intégrale $\int_0^1 v^{p-1}(1-v)^{q-1}\,dv$ est la fonction *Béta*, notée $\mathrm{B}(p,q)$. L'égalité (IV.5) devient alors
$$(\gamma_p * \gamma_q)(x) = \frac{e^{-x}}{\Gamma(p)\Gamma(q)}\mathrm{B}(p,q).$$
Utilisant l'identité classique[1] $\mathrm{B}(p,q) = \frac{\Gamma(p)\Gamma(q)}{\Gamma(p+q)}$, on obtient
$$(\gamma_p * \gamma_q) = \gamma_{p+q}.$$ □

On déduit alors de ce résultat que si $\lambda_1, \ldots, \lambda_n$ sont des variables aléatoires indépendantes suivant la même loi exponentielle de paramètre 1, alors $\lambda_1 + \cdots + \lambda_n$ suit la loi Γ_n.
La fonction caractéristique de la loi Γ_p, notée $\varphi_p(t)$, vaut
$$\varphi_p(t) = \frac{1}{\Gamma(p)}\int_0^{+\infty} u^{p-1}e^{itu-u}\,du.$$
Pour p réel strictement positif, le calcul de cette intégrale peut se faire par la méthode des résidus[2].

[1] Voir par exemple « Principles of Mathematical Analysis », W. Rudin, McGRAW-HILL.
[2] Voir par exemple « Intégration et probabilités, Analyse de Fourier », G. Letac, MASSON.

Remarquons néanmoins que, pour p entier, une intégration par parties donne

$$\varphi_p(t) = \frac{1}{\Gamma(p)} \frac{p-1}{it-1} \varphi_{p-1}(t).$$

Et réitérant ce calcul jusqu'à $\varphi_1(t) = \frac{1}{1-it}$, on obtient le résultat

$$\varphi_p(t) = \frac{1}{(1-it)^p}. \qquad \square$$

La suite $(S_n)_n$ étant croissante, on a $\{S_{k+1} \leq t\} \subset \{S_k \leq t\}$ et remarquant que

$$\{N(t) = k\} = \{S_k \leq t < S_{k+1}\},$$

on a

$$P\{N(t) = k\} = P\{S_k \leq t\} - P\{S_{k+1} \leq t\}.$$

D'autre part

$$\begin{aligned} P\{S_k \leq t\} &= \frac{1}{\Gamma(k)} \int_0^t u^{k-a} e^{-u}\, du \\ &= \frac{1}{\Gamma(k)} \left(-t^{k-1} e^{-t} + (k-1) \int_0^t u^{k-2} e^{-u}\, du \right) \quad \text{par intégr. par part.} \\ &= \left(\frac{-t^{k-1} e^{-t}}{(k-1)!} - \frac{t^{k-2} e^{-t}}{(k-2)!} - \cdots - e^{-t} + 1 \right) \quad \text{en réitérant.} \end{aligned}$$

Et par conséquent

$$P\{N(t) = k\} = P\{S_k \leq t\} - P\{S_{k+1} \leq t\} = \frac{t^k}{k!} e^{-t},$$

soit $N(t) \rightsquigarrow \mathcal{P}(t)$. $\square$

IV.12 La loi de $S_k = X_1 + \cdots + X_k$ a été calculée dans l'exercice 11 du chapitre IV. La variable S_k suit la loi Γ_k et admet donc la densité :

$$f_k(t) = \begin{cases} \dfrac{t^{k-1} e^{-t}}{(k-1)!} & \text{si } t \geq 0, \\ 0 & \text{sinon.} \end{cases}$$

Pour calculer la loi du vecteur $(U_1, \ldots, U_n)$, calculons d'abord la loi de $(S_1, \ldots, S_n)$. On vérifie que le vecteur $(S_1, \ldots, S_n)$ admet pour densité la fonction e^{-s_n} sur $E_n := \{s_1, \ldots, s_n), \ s_1 \leq \ldots \leq s_n\}$. On peut procéder de deux façons :

- Par récurrence sur n, en utilisant le fait que la loi de S_n sachant $(S_1, \ldots, S_{n-1}) = (s_1, \ldots, s_{n-1})$ est la loi de $s_{n-1} + X_n$ (voir **Exemple VI.6.5.(ii)**). La densité de $(S_1, \ldots, S_{n-1}, S_n)$ est donc donnée par :
$$\begin{aligned} f_n(s_1, \ldots, s_n) &= f_{n-1}(s_1, \ldots, s_{n-1})e^{-s_n+s_{n-1}} \\ &= e^{-s_{n-1}}e^{-s_n+s_{n-1}} = e^{-s_n} \quad \text{par hyp. de réc.} \end{aligned} \qquad \square$$

- En considérant une fonction borélienne bornée ϕ définie sur $\mathbb{R}^n$, ou plutôt sur E_n, et en calculant $E(\phi(S_1, \ldots, S_n))$.
$$E(\phi(S_1, \ldots, S_n)) =$$
$$\int \cdots \int_{\mathbb{R}^{+n}} \phi(x_1, x_1 + x_2, \ldots, x_1 + x_2 + \cdots + x_n)e^{-x_1} \cdots e^{-x_n}\, dx_1 \cdots dx_n.$$
Par le changement de variable $\begin{cases} s_1 &= x_1 \\ s_2 &= x_1 + x_2 \\ &\vdots \\ s_n &= x_1 + \cdots + x_n \end{cases}$, dont la valeur absolue du jacobien vaut 1, on obtient
$$E(\phi(S_1, \ldots, S_n)) = \int \cdots \int_E \phi(s_1, \ldots, s_n)e^{-s_n}\, ds_1 \cdots ds_n. \qquad \square$$

La densité du vecteur aléatoire $(U_1, \ldots, U_n, U_{n+1}) := (\frac{S_1}{S_{n+1}}, \ldots, \frac{S_n}{S_{n+1}}, S_{n+1})$ est
$$(u_1, \ldots, u_n, u_{n+1}) \mapsto u_{n+1}^n\, e^{-u_{n+1}}$$
sur $E'_{n+1} = \{0 \leq u_1 \leq u_2 \leq \ldots \leq u_n \leq 1 \quad \text{et} \quad u_{n+1} \geq 0\}$.
En effet pour tout fonction borélienne bornée Φ définie sur E'_{n+1}, on a
$$E(\Phi(U_1, \ldots, U_{n+1})) = \int_{E_{n+1}} \Phi\left(\frac{s_1}{s_{n+1}}, \ldots, \frac{s_n}{s_{n+1}}, s_{n+1}\right) e^{-s_{n+1}}\, ds_1 \cdots ds_{n+1}.$$
La transformation
$$E'_{n+1} \to E_{n+1}, \quad (u_1, \ldots, u_n, u_{n+1}) \mapsto (u_{n+1}u_1, \ldots, u_{n+1}u_n, u_{n+1})$$
de jacobien u_{n+1}^n donne
$$\begin{aligned} E(\Phi(U_1, \ldots, U_{n+1})) &= \int_{E_{n+1}} \Phi(\frac{s_1}{s_{n+1}}, \ldots, \frac{s_n}{s_{n+1}}, s_{n+1})e^{-s_{n+1}}\, ds_1 \cdots ds_{n+1} \\ &= \int_{E'_{n+1}} \Phi(u_1, \ldots, u_{n+1})\, e^{-u_{n+1}} u_{n+1}^n\, du_1 \cdots du_{n+1}. \end{aligned} \qquad \square$$

Pour obtenir la densité du vecteur $\left(\frac{S_1}{S_{n+1}}, \dots, \frac{S_n}{S_{n+1}}\right)$, on intègre par rapport à la dernière variable :

$$\int_0^{+\infty} u_{n+1}^n e^{-u_{n+1}} du_{n+1} = n!.$$

Donc la densité de $\left(\frac{S_1}{S_{n+1}}, \dots, \frac{S_n}{S_{n+1}}\right)$ est constante, égale à $n!$ sur $\{0 \leq u_1 \leq \dots \leq u_n \leq 1\}$. □

IV.13

a) La probabilité que « $X_1, \cdots, X_k$ soient inférieures à x et $X_{k+1}, \cdots, X_n$ soient supérieures à x » est, par indépendance des variables X_i, égale à $F(x)^k(1 - F(x))^{n-k}$. On en déduit que la probabilité que « k variables soient inférieures à x et $n - k$ soient supérieures à x » est égale à $\binom{n}{k} F(x)^k(1 - F(x))^{n-k}$.

On peut alors écrire

$$\begin{aligned}\{X_{i,n} \leq x\} &= \bigcup_{k \geq i} \{\, k \text{ variables sont inférieures à } x \,\} \\ &= \bigcup_{k \geq i} \{\, k \text{ variables sont inférieures à } x \\ &\qquad\qquad \text{et } n - k \text{ sont supérieures à } x \,\}\end{aligned}$$

pour en déduire

$$P\{X_{i,n} \leq x\} = \sum_{i \leq k \leq n} \binom{n}{k} F(x)^k (1 - F(x))^{n-k}.$$

On dérive par rapport à x cette dernière expression :

$$\begin{aligned}f_{i,n}(x) &= \sum_{k=i}^{n} \left(\binom{n}{k} k F^{k-1}(x)(1 - F(x))^{n-k} f(x) \right. \\ &\qquad \left. - \binom{n}{k} F^k(x)(n-k)(1 - F(x))^{n-k-1} f(x) \right) \\ &= f(x)\, n \sum_{k=i}^{n} \left(\binom{n-1}{k-1} F^{k-1}(x)(1 - F(x))^{n-k} f(x) \right. \\ &\qquad \left. - \binom{n-1}{k} F^k(x)(n-k)(1 - F(x))^{n-k-1} \right) \\ &= f(x)\, n \sum_{k=i}^{n} (a_{k-1} - a_k),\end{aligned}$$

où a_k désigne le réel $\binom{n-1}{k} F^k(x)(n-k)(1-F(x))^{n-k-1}$. On obtient ainsi

$$\begin{aligned} f_{i,n}(x) &= f(x)\, n(a_{i-1} - a_n) \\ &= f(x)\, n\binom{n-1}{i-1} F(x)^{i-1}(1-F(x))^{n-i} \\ &= i\binom{n}{i} F(x)^{i-1} f(x)(1-F(x))^{n-i}. \end{aligned}$$

□

Ce résultat peut aussi s'interpréter physiquement de la façon suivante :

on choisit une variable au hasard (n choix possibles) qui soit dans $[x, x+dx]$ (ce qui arrive avec une probabilité de $f(x)\,dx$), parmi les autres variables on en choisit au hasard $i-1$ ($\binom{n-1}{i-1}$ choix possibles) au plus égales à x (avec donc une probabilité de $F(x)^{i-1}$), puis on veut les $(n-i)$ autres variables plus grandes que x (avec une probabilité $(1-F(x))^{n-i}$). On obtient :

$$f_{i,n}(x) = n\binom{n-1}{i-1} F(x)^{i-1}(1-F(x))^{n-i} f(x) dx.$$

b) L'évènement $\{X_{i,n} \leq x, X_{i+1,n} > y\}$ n'est autre que l'évènement $\{\,i$ variables sont inférieures à x et $n-i$ sont supérieures à $y\,\}$. Sa probabilité se calcule par un raisonnement analogue à la question précédente et vaut $\binom{n}{i} F(x)^i(1-F(y))^{n-i}$.

c) En notant F la fonction de répartition du couple $(X_{i,n}, X_{i+1,n})$, on a pour $x \leq y$,

$$\begin{aligned} F(x,y) &= P\{X_{i,n} \leq x, X_{i+1,n} \leq y\} \\ &= P\{X_{i,n} \leq x\} - P\{X_{i,n} \leq x, X_{i+1,n} > y\} \\ &= \sum_{k=i}^{n} \binom{n}{k} F(x)^k (1-F(x))^{n-k} - \binom{n}{i} F(x)^i (1-F(y))^{n-i}. \end{aligned}$$

d) Il suffit de vérifier que, quels que soient $-\infty < x \leq y < +\infty$, on a

$$P\{X_{i,n} \leq x, X_{i+1,n} > y\} = \iint_{\{u \leq x,\, y < v\}} f_{i,i+1,n}(u,v)\, du\, dv.$$

Or

$$\begin{aligned}
&\iint_{\{u\leq x,\, y<v\}} f_{i,i+1,n}(u,v)\,du\,dv \\
&\quad = \int_{-\infty}^{x}\left(\int_{y}^{+\infty} i(n-i)\binom{n}{i} f(u)f(v)F^{i-1}(u)(1-F(v))^{n-i-1}\,dv\right)du \\
&\quad = i(n-i)\binom{n}{i}\int_{-\infty}^{x} f(u)F^{i-1}(u)\,du \int_{y}^{+\infty} f(v)(1-F(v))^{n-i-1}\,dv \\
&\quad = \binom{n}{i}F^{i}(x)(1-F(y))^{n-i} = P\{X_{i,n}\leq x, X_{i+1,n}>y\}. \qquad \square
\end{aligned}$$

e) Le couple $(X_{i,n}, S_{i+1,n})$ prend ses valeurs dans $\mathbb{R}\times\mathbb{R}_+$ et pour $(x,y)\in\mathbb{R}\times\mathbb{R}_+$:

$$\begin{aligned}
P\{X_{i,n}\leq x, S_{i+1,n}\leq y\} &= P\{X_{i,n}\leq x, X_{i+1,n}-X_{i,n}\leq y\} \\
&= P\{(X_{i,n}, X_{i+1,n})\in\Delta_{x,y}\},
\end{aligned}$$

où $\Delta_{x,y}=\{(u,v)\in\mathbb{R}^2, u\leq x,\ v\leq u+y\}$. Ainsi

$$\begin{aligned}
P\{X_{i,n}\leq x, S_{i+1,n}\leq y\} &= \iint_{\Delta_{x,y}} f_{i,i+1,n}(u,v)\,du\,dv \\
&= \int_{-\infty}^{x}\left(\int_{-\infty}^{u+y} f_{i,i+1,n}(u,v)\,dv\right)du \\
&= \int_{-\infty}^{x}\left(\int_{-\infty}^{y} f_{i,i+1,n}(u,w+u)\,dw\right)du.
\end{aligned}$$

(avec le changement de variable $w=v-u$ dans la 2ème intégrale).

De cette dernière expression, on déduit que le couple $(X_{i,n}, S_{i+1,n})$ admet pour densité la fonction f définie par

$$\begin{aligned}
f(u,w) &= f_{i,i+1,n}(u,w+u) \\
&= i(n-i)\binom{n}{i} f(u)f(w+u)F^{i-1}(u)(1-F(w+u))^{n-i-1}. \qquad \square
\end{aligned}$$

f) Si les X_i suivent une loi exponentielle de paramètre 1, le couple $(X_{i,n}, S_{i+1,n})$ prend ses valeurs dans $\mathbb{R}_+\times\mathbb{R}_+$ et la variable $S_{i+1,n}$ admet pour densité la fonction h définie par $h(s)=\int_{-\infty}^{+\infty} g(x,s)\,dx$. Pour $s\geq 0$, on a donc

$$\begin{aligned}
h(s) &= \int_0^{+\infty} i(n-i)\binom{n}{i} e^{-2x-s}(1-e^{-x})^{i-1}(e^{-x-s})^{n-i-1})\,dx \\
&= \int_0^{+\infty} i(n-i)\binom{n}{i} e^{-2x-s}(1-e^{-x})^{i-1}(e^{-x-s})^{n-i-1})\,dx \\
&= i(n-i)\binom{n}{i} e^{-s(n-i)} \int_0^{+\infty} e^{-2x}(1-e^{-x})^{i-1} e^{-x(n-i-1)}\,dx \\
&\underset{(u=e^{-x})}{=} i(n-i)\binom{n}{i} e^{-s(n-i)} \int_0^1 (1-u)^{i-1} u^{n-i}\,du.
\end{aligned}$$

En notant I_i cette dernière intégrale et en intégrant par parties, on obtient facilement la relation $I_i = \frac{i-1}{n-i+1} I_{i-1}$. Réitérant cette identité jusqu'à $I_1 = \frac{1}{n}$, il vient

$$I_i = \frac{(i-1)!\,(n-i)!}{(n-1)!} I_1 = \frac{1}{\binom{n-1}{i-1}} \frac{1}{n},$$

puis

$$\begin{aligned}
h(s) &= i(n-i)\frac{n!}{(i-1)!(n-i-1)!} \frac{(n-i)!(i-1)!}{(n-1)!} \frac{1}{n} e^{-s(n-i)} \\
&= (n-i)\,e^{-s(n-i)},
\end{aligned}$$

et finalement $S_{i+1,n} \rightsquigarrow \mathcal{E}xp(n-i)$. □

IV.14 Pour $(i_1, i_2, \ldots, i_n) \in \mathbb{N}^n$, l'évènement $\{T_1 = i_1, T_2 - T_1 = i_2, \ldots, T_n - T_{n-1} = i_n\}$ s'écrit

$$\{X_1 = 0, X_2 = 0, \ldots, X_{i_1} = 1, X_{i_{1+1}} = 0, \ldots, X_{i_n+\cdots+i_1-1} = 0, X_{i_n+\cdots+i_1} = 1\}.$$

Les variables X_i étant indépendantes,

$$P\{T_1 = i_1, T_2 - T_1 = i_2, \ldots, T_n - T_{n-1} = i_n\} = (q^{i_1-1}p)(q^{i_2-1}p)\cdots(q^{i_n-1}p).$$

D'autre part, pour tout k entier,

$$\begin{aligned}
&\{T_k - T_{k-1} = i_k\} \\
&\quad \bigcup_{i_1,\ldots,i_{k-1}} \{T_1 = i_1, T_2 - T_1 = i_2, \ldots, T_{k-1} - T_{k-2} = i_{k-1}, T_k - T_{k-1} = i_k\},
\end{aligned}$$

et donc

$$P\{T_k - T_{k-1} = i_k\} = \sum_{i_1,\dots,i_{k-1}} P\{T_1 = i_1, T_2 - T_1 = i_2, \dots, T_k - T_{k-1} = i_k\}$$
$$= \left(\sum_{i_1\geq 1} q^{i_1-1}p\right)\cdots\left(\sum_{i_{k-1}\geq 1} q^{i_{k-1}-1}p\right) q^{i_k-1}p = q^{i_k-1}p.$$

On déduit de ce dernier calcul que les variables $T_1, T_2 - T_1, \dots, T_n - T_{n-1}$ sont indépendantes et de même loi. La variable T_1 suit la loi géométrique de paramètre p et sa fonction caractéristique vaut

$$\varphi^X(t) = E(e^{itX}) = \sum_{k\geq 1} e^{itk}q^{k-1}p = \frac{pe^{it}}{1-qe^{it}}.$$

Remarquant que $T_n = T_1 + (T_2 - T_1) + \cdots + (T_n - T_{n-1})$ et utilisant l'indépendance des $T_i - T_{i-1}$, on a

$$\varphi^{T_n}(t) = \varphi^{T_1}(t)\,\varphi^{T_2-T_1}(t)\cdots\varphi^{T_n-T_{n-1}}(t) = \left(\frac{pe^{it}}{1-qe^{it}}\right)^n.$$

La variable T_n suit la loi *binomiale négative* de paramètre (n,p).

IV.15

a) On pose $X_n = \sum_{1\leq i\leq n} \mathbb{1}_{A_i}$ et on lui applique l'inégalité démontrée dans l'exercice III.10

$$\forall\alpha\in]0,1[,\ P\{X_n \geq \alpha E(X_n)\} \geq \frac{(1-\alpha)^2E^2(X_n)}{E(X_n^2)}.$$

On rappelle que $E(X_n) = \sum_{1\leq i\leq n} P(A_i) \underset{n}{\to} \infty$. Soit alors M un réel positif et soit $N\in\mathbb{N}$ vérifiant pour tout n entier $\geq N$, $\alpha E(X_n) > M$. Dès que $n \geq N$, $\{X_n \geq M\} \supset \{X_n \geq \alpha E(X_n)\}$ et donc

$$P\{X_n \geq M\} \geq P\{X_n \geq \alpha E(X_n)\} \geq \frac{(1-\alpha)^2E^2(X_n)}{E(X_n^2)}.$$

D'autre part

$$\frac{(1-\alpha)^2E^2(X_n)}{E(X_n^2)} = (1-\alpha)^2\frac{(\sum_{1\leq i\leq n} P(A_i))^2}{\sum_{1\leq i,j\leq n} P(A_i\cap A_j)}.$$

Soit ε strictement positif fixé. Pour n suffisamment grand, on a alors :

$$P\{X_n \geq M\} \geq (1-\alpha)^2(1-\varepsilon),$$

et par conséquent

$$P(\cup_n\{X_n \geq M\}) \geq (1-\alpha)^2(1-\varepsilon).$$

Cette inégalité est valable quels que soient $0 < \alpha < 1$ et $\varepsilon > 0$. En faisant tendre α et ε vers 0, on en déduit $P(\cup_n\{X_n \geq M\}) = 1$, M étant arbitraire.

En particulier pour tout entier N, $P(\cup_n\{X_n \geq N\}) = 1$ et donc

$$P(\cap_N \cup_n \{X_n \geq N\}) = 1.$$

La suite $(X_n)_n$ étant croissante, on en déduit que X_n converge presque sûrement vers l'infini. Donc $P(A_n \text{ i.s. }) = 1$. □

b) On peut supposer que quel que soit i, $P(A_i) \neq 0$ et donc, quitte à remplacer c par

$$\max\{\, P^{-1}(A_1), P^{-1}(A_2), \cdots, P^{-1}(A_n), c\,\},$$

on peut supposer que

$$\forall i,j,\;\; P(A_i \cap A_j) \leq cP(A_i)P(A_j).$$

On reprend les notations et le raisonnement précédents, on a

$$\frac{(1-\alpha)^2 E^2(X_n)}{E(X_n^2)} = (1-\alpha)^2 \frac{(\sum_{1\leq i\leq n} P(A_i))^2}{\sum_{1\leq i,j\leq n} P(A_i \cap A_j)} \geq \frac{(1-\alpha)^2}{c}.$$

Il s'ensuit que pour tout entier N, l'inégalité

$$P\{X_n \geq N\} \geq \frac{(1-\alpha)^2}{c}$$

est vérifiée si n est suffisamment grand.

On note alors $\mathcal{O}_N$ l'évènement $\cup_{n\geq N}\{X_n \geq N\}$. La suite $(\mathcal{O}_N)_N$ est décroissante, donc

$$P(\cap_N \mathcal{O}_N) = \lim_N P(\mathcal{O}_N) \geq \frac{(1-\alpha)^2}{c}.$$

On en déduit $P(A_n \text{ i.s. }) \geq \frac{(1-\alpha)^2}{c} > 0$. □

IV.16 Remarquons que les évènements A_k sont bien disjoints deux à deux et qu'on a :

$$\{\max_{1\leq k\leq n}|S_k|\geq x\}=\bigcup_{1\leq k\leq n}A_k. \tag{IV.6}$$

Notons $A=\{\max_{1\leq k\leq n}|S_k|\geq x\}$,

$$E(S_n^2)\geq\int_A S_n^2\,dP=\sum_{k=1}^n\int_{A_k}S_n^2\,dP. \tag{IV.7}$$

Or, pour tout $1\leq k\leq n$, on a

$$\begin{aligned}\int_{A_k}S_n^2\,dP&=E(S_n^2\,\mathbb{1}_{A_k})=E((S_k+S_n-S_k)^2\,\mathbb{1}_{A_k})\\&=E((S_k^2+2(S_n-S_k)S_k+(S_n-S_k)^2)\,\mathbb{1}_{A_k})\\&\geq E(S_k^2\,\mathbb{1}_{A_k})+2E((S_n-S_k)S_k\mathbb{1}_{A_k})\\&=E(S_k^2\,\mathbb{1}_{A_k})+2E((S_n-S_k))\,E(S_k\mathbb{1}_{A_k})\\&=E(S_k^2\,\mathbb{1}_{A_k}).\end{aligned} \tag{IV.8}$$

Les deux dernières égalités reposent sur l'indépendance de S_n-S_k et de $\sigma(X_1,\dots,X_k)$ et sur le fait que les X_i sont centrées, d'où $E(S_n-S_k)=0$. De plus,

$$E(S_k^2\,\mathbb{1}_{A_k})=\int_{A_k}S_k^2\,dP\geq x^2\,P(A_k). \tag{IV.9}$$

En utilisant alors (IV.6),(IV.7),(IV.8) et (IV.9), on obtient

$$E(S_n^2)\geq\sum_{k=1}^n\int_{A_k}S_n^2\,dP\geq\sum_{k=1}^nE(S_k^2\,\mathbb{1}_{A_k})\geq\sum_{k=1}^n x^2P(A_k)=x^2P(A).$$

Étant donné que $E(S_n^2)=\mathrm{Var}(S_n)=\sum_{1\leq i\leq n}\mathrm{Var}(X_i)$, on a

$$P\{\max_{1\leq k\leq n}|S_k|\geq x\}\leq\frac{1}{x^2}\sum_{1\leq i\leq n}\mathrm{Var}(X_i).$$ □

IV.17 On prend $c=1$, on pose

$$f(x,y)=\frac{1}{2\pi}\,e^{-(x^2+y^2)/2}+h(x)h(y),$$

et on cherche alors h pour que les conditions requises soient réalisées. L'hypothèse $\int_{\mathbb{R}}h(t)\,dt=0$ impliquera que

- $\iint_{\mathbb{R}^2}f(x,y)\,dxdy=1$;
- les lois marginales seront gaussiennes, centrées, réduites.

On pose alors

$$h(t) = \begin{cases} t & \text{si } |t| \leq a, \\ 0 & \text{sinon} \end{cases}$$

et on choisit a pour que f ainsi définie soit positive. La fonction f est donc la densité de probabilité d'un couple qui coïncide avec la densité $\mathcal{N}(0, Id)$ en dehors du carré $[-a, a]^2$, mais distincte de celle-ci dans $[-a, a]^2$. Il est clair que ce couple ne peut être gaussien. □
À noter que d'autres fonctions h conviennent.

IV.18 Le vecteur (X, Y) prend ses valeurs sur une droite (presque sûrement) car sa matrice de covariance Σ est non inversible. Elle admet pour noyau la droite $\mathbb{R} \cdot (2, -1)$. On a :

$$\mathrm{Var}(2X - Y) = (2\ -1) \begin{pmatrix} 3 & 6 \\ 6 & 12 \end{pmatrix} \begin{pmatrix} 2 \\ -1 \end{pmatrix} = 0.$$

La variance de la variable $2X - Y$ est donc nulle. Par conséquent $2X - Y$ est constante presque sûrement et elle vaut zéro car son espérance est nulle. □

IV.19 Pour tout borélien de $\mathbb{R}$, noté A, on a

$$P\{\varepsilon X \in A\} = 1/2\, P\{X \in A\} + 1/2\, P\{X \in -A\} = P\{X \in A\}$$

car X est symétrique. Donc εX suit la même loi que X. On procèderait de même pour prouver que $\varepsilon|X|$ suit la même loi que X.
Le couple $(X, \varepsilon X)$ ne peut être gaussien car sa loi est portée par la réunion des deux droites $y = x$ et $y = -x$.

IV.20 Soit Γ la matrice de covariance de X et $\varphi^X = \varphi$ sa fonction caractéristique :

$$\varphi(u) = E(e^{i\langle u, X\rangle}) = e^{-1/2\, {}^t\!u\, \Gamma\, u}, \quad u \in \mathbb{R}^d.$$

On peut calculer la fonction caractéristique de X_θ, notée φ_θ :

$$\varphi_\theta(u) = E(e^{i\langle u, \cos\theta\, X + \sin\theta\, Y\rangle}) = E(e^{i\langle \cos\theta\, u, X\rangle}) \cdot E(e^{i\langle \sin\theta\, u, Y\rangle}) = \varphi(u).$$

Le calcul de la fonction caractéristique de X'_θ donne le même résultat, donc X'_θ et X_θ suivent la même loi que celle de X.
D'autre part, il est clair que le couple (X_θ, X'_θ) est un couple gaussien en tant que transformation linéaire du couple gaussien (X, Y). On va montrer que X_θ et X'_θ sont indépendantes en montrant que la matrice de covariance de

(X_θ, X'_θ) est diagonale par blocs. Plus précisément, la matrice de covariance C de (X_θ, X'_θ) étant une matrice de $\mathcal{M}_{2d}(\mathbb{R})$, X_θ et X'_θ sont indépendantes si et seulement si C s'écrit sous la forme :

$$C = \begin{pmatrix} C_1 & 0 \\ 0 & C_2 \end{pmatrix} \quad \text{où } C_i \in \mathcal{M}_d(\mathbb{R}).$$

Soit $A \in \mathcal{M}_d(\mathbb{R})$ vérifiant $A\,{}^tA = \Gamma$. Les vecteurs X et Y suivent alors la même loi que le vecteur AG, où $G \leadsto \mathcal{N}(0, I_d)$.

Notant $M = \begin{pmatrix} \cos\theta.I_d & \sin\theta.I_d \\ -\sin\theta.I_d & \cos\theta.I_d \end{pmatrix}$, il est clair que le couple (X_θ, X'_θ) suit la même loi que le vecteur aléatoire de $\mathbb{R}^{2d}$, $M \cdot \begin{pmatrix} A & 0 \\ 0 & A \end{pmatrix} \cdot \begin{pmatrix} G_1 \\ G_2 \end{pmatrix}$, où les G_i sont des vecteurs indépendants suivant la loi $\mathcal{N}(0, I_d)$.

La matrice de covariance de (X_θ, X'_θ) est donc

$$M \cdot \begin{pmatrix} A & 0 \\ 0 & A \end{pmatrix} \cdot {}^t\left(M \cdot \begin{pmatrix} A & 0 \\ 0 & A \end{pmatrix}\right) = M \cdot \begin{pmatrix} \Gamma & 0 \\ 0 & \Gamma \end{pmatrix} \cdot {}^tM = \begin{pmatrix} \Gamma & 0 \\ 0 & \Gamma \end{pmatrix}.$$

Donc X_θ et X'_θ sont indépendantes. □

IV.21

a) On va résoudre cette première question pour des variables aléatoires réelles. Le cas de variables aléatoires à valeurs dans $\mathbb{R}^d$ se traite de manière analogue sans difficulté supplémentaire.

$$\begin{aligned}
\varphi(s+t)\varphi(s-t) &= E(e^{i(s+t)X})E(e^{i(s-t)X}) \\
&= E(e^{i(s+t)X})E(e^{i(s-t)Y}) \quad \text{car } X \text{ et } Y \text{ ont même loi} \\
&= E(e^{i(s+t)X}e^{i(s-t)Y}) \quad \text{car } X \text{ et } Y \text{ sont indépendantes} \\
&= E(e^{is(X+Y)}e^{it(X-Y)}) \\
&= E(e^{is(X+Y)})E(e^{it(X-Y)}) \quad \text{car } X+Y \text{ et } X-Y \text{ sont indépendantes} \\
&= E(e^{isX})E(e^{isY})E(e^{itX})E(e^{-itY}) \quad \text{car } X \text{ et } Y \text{ sont indépendantes} \\
&= \varphi^2(s)\varphi(t)\varphi(-t) = \varphi^2(s)|\varphi(t)|.
\end{aligned}$$
□

En prenant $t = s$ dans la relation précédente, on obtient

$$\forall t,\ \varphi(2t) = \varphi(t)^2|\varphi(t)|^2,$$

puis, en remplaçant t par $t/2$ et en réitérant l'opération n fois, il vient :

$$\forall t \in \mathbb{R},\ \forall n \in \mathbb{N},\ \varphi(t) = \varphi\left(\frac{t}{2^n}\right)^{2^n}\left|\varphi\left(\frac{t}{2^n}\right)\right|^{2^n}.$$

On déduit de cette relation que quel que soit t, $\varphi(t) \neq 0$. En effet, si φ s'annule en un certain α, alors $\varphi(\alpha) = 0$ et donc :

$$\forall n \in \mathbb{N},\ \varphi\left(\frac{\alpha}{2^n}\right) = 0. \qquad \text{(IV.10)}$$

En rappelant que φ est continue en 0 et que $\varphi(0) = 1$, un passage à la limite dans (IV.10) donne la contradiction.

L'application

$$\mathbb{R} \to \mathbb{U},\ t \mapsto \frac{\varphi(t)}{|\varphi(t)|}$$

est continue (où $\mathbb{U}$ désigne l'ensemble des complexes de module 1). Par un argument topologique (théorème de relèvement), on obtient l'existence d'une application continue $f : \mathbb{R} \to \mathbb{R}$ telle que $\varphi(t)/|\varphi(t)| = e^{if(t)}$. On a

$$\varphi(t) = |\varphi(t)| \cdot e^{if(t)} = e^{\ln|\varphi(t)| + if(t)}.$$

D'où l'existence d'une application ψ continue de $\mathbb{R}$ dans $\mathbb{C}$ telle que $\varphi(t) = e^{\psi(t)}$. □

b) Soient ψ_p et ψ_i les parties paire et impaire de ψ, c'est-à-dire

$$\psi = \psi_p + \psi_i \quad \text{avec } \psi_p \text{ paire et } \psi_i \text{ impaire.}$$

Utilisant le fait que $\varphi(-t) = \overline{\varphi(t)}$, la relation établie à la question a) donne

$$\psi(s+t) + \psi(s-t) = 2\psi(s) + \psi(t) + \psi(-t). \qquad \text{(IV.11)}$$

En identifiant les parties impaires, il vient

$$\psi_i(s+t) + \psi_i(s-t) = 2\psi_i(s). \qquad \text{(IV.12)}$$

Pour $t = s$, on obtient quel que soit s, $\psi_i(2s) = 2\psi_i(s)$. Pour t et s quelconques dans $\mathbb{R}^d$, en posant $t = s_1 - t_1$ et $s = s_1 + t_1$, on obtient par (IV.12)

$$\psi_i(s_1) + \psi_i(t_1) = \psi_i(s_1 + t_1).$$

La fonction ψ étant continue, on en déduit par un raisonnement classique (pour tout $s \in \mathbb{R}^d$ et $l \in \mathbb{R}$, $\psi_i(ls) = l\psi_i(s)$, via une décomposition du réel l en base 2) que ψ_i est linéaire. Et ψ_i étant à valeurs dans $\mathbb{C}$, il existe alors m et $m' \in \mathbb{R}^d$ tels que

$$\forall t \in \mathbb{R}^d,\ \psi_i(t) = \langle t, m' \rangle + i \langle t, m \rangle.$$

La relation $\varphi(-t) = \overline{\varphi(t)}$ donne

$$\psi_p(t) - \psi_i(t) = \overline{\psi_p(t) + \psi_i(t)} \qquad \text{(IV.13)}$$

et donc $\psi_i(t) = \Im(\psi(t))$ et $\psi_i(t)$ est un complexe imaginaire pur. Par conséquent $m' = 0$ et pour tout $t \in \mathbb{R}^d$, $\psi_i(t) = i\,\langle t, m\rangle$. □

c) On utilise à nouveau la relation (IV.11) et, identifiant les parties paires :

$$\psi_p(s+t) + \psi_p(s-t) = 2(\psi_p(s) + \psi_p(t)). \qquad \text{(IV.14)}$$

Remplaçant dans cette relation le couple (s,t) par les deux couples $(s + t_1 + t_2, s)$ puis $(s + t_1, s + t_2)$, il vient

$$2\psi_p(s)+2\psi_p(s+t_1+t_2)-\psi_p(t_1+t_2) = 2\psi_p(s+t_1)+2\psi_p(s+t_2)-\psi_p(t_1-t_2).$$

Utilisant à nouveau la relation (IV.14), on peut remplacer $\psi_p(t_1 - t_2)$ par

$$\psi_p(t_1 - t_2) = 2\psi_p(t_1) + 2\psi_p(t_2) - \psi_p(t_1 + t_2)$$

et obtenir la linéarité par rapport à la deuxième variable de $Q(s,t)$. Finalement Q est bien symétrique et bilinéaire. Par (IV.13), ψ_p est à valeurs réelles.

Enfin, pour tout $t \in \mathbb{R}^d$, $|\varphi(t)| \leq 1$ et $|\varphi(t)| = e^{\psi_p(t)}$ donc $\psi_p(t) \leq 0$ et donc Q est bilinéaire, symétrique et négative. □

d) D'après la question précédente, ψ_p est une forme quadratique négative. La fonction caractéristique de X s'écrit :

$$\varphi(t) = e^{i\,\langle t,m\rangle + \psi_p(t)}.$$

C'est la fonction caractéristique d'une loi gaussienne. □

IV.22

a) Soient $X_{1,n}, X_{2,n}, \ldots, X_{n,n}$ n variables aléatoires indépendantes, de même loi ν_n et de fonction caractéristique ψ. Si la loi de $X_{1,n} + X_{2,n} + \cdots + X_{n,n}$ est celle de X, notée μ, alors

$$\varphi^X(t) = \varphi^{X_{1,n}+X_{2,n}+\cdots+X_{n,n}}(t) = \varphi^{X_{1,n}}(t)\cdots\varphi^{X_{n,n}}(t) = \psi^n(t)$$

(voir Proposition IV.2.3).

Réciproquement, si $\varphi^X(t) = \psi_n^n(t)$, et si $Z_{1,1}\ldots, Z_{n,n}$ sont n variables indépendantes de même loi et de fonction caractéristique ψ_n, alors la loi de $Z_{1,1} + \cdots + Z_{n,n}$ est μ (voir Théorème III.5.2) et donc μ est infiniment divisible.

b) (i) Dans le cas où $\mu = \delta_a$, $\varphi^X(t) = e^{ita}$. Remarquant que

$$e^{ita} = e^{n\,it\frac{a}{n}}$$

et utilisant (a), on déduit que δ_a est infiniment divisible : si $X_1, \ldots, X_n$ sont indépendantes et de même loi $\delta_{a/n}$, alors $X_1 + \cdots + X_n$ suit la loi δ_a.
On peut aussi remarquer $\mu = \delta_a$ signifie que X est presque sûrement constante égale à a. On peut alors écrire $X = X_1 + \cdots + X_n$ avec X_i presque sûrement constante égale à a/n.

(ii) Si $X \rightsquigarrow \mathcal{N}(m, \sigma^2)$ alors

$$\varphi^X(t) = e^{i\,m\,t}\, e^{-\frac{\sigma^2 t^2}{2}} = \left(e^{i\,m/n\,t}\, e^{-\frac{(\sigma/\sqrt{n})^2\, t^2}{2}}\right)^n .$$

Donc X suit la même loi que $X_1 + \cdots + X_n$, où les v.a. X_i sont indépendantes et de même loi $\mathcal{N}(m/n, (\sigma/\sqrt{n})^2)$. Donc X est infiniment divisible.

(iii) Si $X \rightsquigarrow \mathcal{P}(\lambda)$ alors

$$\varphi^X(t) = e^{\lambda(e^{i\,t}-1)} = \left(e^{\frac{\lambda}{n}(e^{i\,t}-1)}\right)^n .$$

Donc X suit la même loi que $X_1 + \cdots + X_n$, où les v.a. X_i sont indépendantes et de même loi $\mathcal{P}(\lambda/n)$. Donc X est infiniment divisible.

(iv) Si X suit une loi de Cauchy,

$$\varphi^X(t) = e^{-|t|} = \left(e^{-|t/n|}\right)^n .$$

Donc X suit la même loi que $X_1 + \cdots + X_n$ où les v.a. X_i sont indépedantes et suivent la même loi que X/n. Donc X est infiniment divisible.

c) (i) Si B est un intervalle ne contenant ni 0 ni 1/2, alors, pour tout $x \in B$ et $y \in B$, on a nécessairement $x + y \neq 0$ et $x + y \neq 1$. Donc

$$P(Y + Z \in B + B) = \mu(B + B) = 0.$$

D'autre part

$$(Y \in B) \cap (Z \in B) \subset (Y + Z \in B + B)$$

donc $$\nu \otimes \nu(B \times B) \leq \mu(B + B) = 0.$$

(ii) Si B est l'un des intervalles $]-\infty, 0[$, $]0, 1/2[$ ou $]1/2, +\infty[$, d'après c) (i) et l'indépendance de Y et Z,

$$P\left((Y \in B) \cap (Z \in B)\right) = P(Y \in B)^2 = 0.$$

On en déduit $P(Y \in \{0, 1/2\}) = 1$.

(iii) En posant $P(Y = 0) = a$ et $P(Y = 1/2) = b$, et toujours sous l'hypothèse « Y et Z suivent la même loi et sont indépendantes », on a $P(Y + Z = 1/2) = 2ab$. Donc $Y + Z$ ne suit pas la même loi que X et μ n'est pas infiniment divisible.

d) On pose $Z = e^{itY}$ et donc $\varphi^Y(t) = E(Z)$. D'autre part $Z = \sum_{k \geq 0} Z\mathbb{1}_{\{N=k\}}$ et

$$\begin{aligned} E(Z\mathbb{1}_{\{N=k\}}) &= E\big(e^{itX_1} \cdots e^{itX_k} \cdot \mathbb{1}_{\{N=k\}}\big) \\ &= E(e^{itX_1}) \cdots E(e^{itX_k}) E(\mathbb{1}_{\{N=k\}}) \\ &= \varphi(t)^k P\{N = k\}. \end{aligned}$$

Par convergence dominée, on obtient alors

$$E(Z) = \sum_{k=0}^{\infty} E\big(Z\mathbb{1}_{\{N=k\}}\big) = \sum_{k=0}^{\infty} \varphi(t)^k \, e^{-\lambda} \frac{\lambda^k}{k!} = e^{\lambda(\varphi(t)-1)} = \Phi(t). \quad \square$$

Observant que

$$\Phi(t) = \left(e^{\lambda/n(\varphi(t)-1)}\right)^n,$$

on conclut que Y est infiniment divisible. Plus précisément, soient

$$N, N^1, N^2, \ldots, N^n, X_1, X_1^1, X_1^2, \ldots, X_1^n, X_2, X_2^1, X_2^2, \ldots, X_2^n, \ldots\ldots\ldots\ldots$$
$$\ldots\ldots, X_k, X_k^1, X_k^2, \ldots, X_k^n, \ldots\ldots$$

une suite de variables aléatoires indépendantes, où les X_i et les X_i^j suivent la même loi, où N suit la loi de Poisson $\mathcal{P}(\lambda)$ et où $N^1, N^2, \ldots N^n$ suivent la même loi de Poisson $\mathcal{P}(\lambda/n)$. On pose

$$Y = \sum_{1 \leq k \leq N} X_k \quad \text{et} \quad Y_i = \sum_{1 \leq k \leq N_i} X_k^i, \quad 1 \leq i \leq n$$

alors $Y_1 + \cdots + Y_n$ suit la même loi que Y.

V

CONVERGENCE DE SUITES DE VARIABLES ALÉATOIRES

Énoncés

V.1 Soit $(X_n)_{n\in\mathbb{N}}$ une suite de variables aléatoires réelles sur un espace probabilisé $(\Omega, \mathcal{A}, P)$; on suppose qu'il existe une suite de réels $(a_n)_{n\in\mathbb{N}}$ telle que les séries

$$\sum_n a_n \qquad \text{et} \qquad \sum_n P\{\, X_n \neq a_n \,\}$$

soient convergentes. Démontrer que la série $\sum_n X_n$ est p.s. convergente.

V.2 Soit $(X_n)_{n\in\mathbb{N}}$ une famille de variables aléatoires gaussiennes, centrées, de variance $(\sigma_n^2)_{n\in\mathbb{N}}$ convergeant en loi vers une variable aléatoire X.

a) Montrer que la suite $(\sigma_n^2)_{n\in\mathbb{N}}$ est convergente et en déduire que X suit une loi gaussienne. Étudier le cas où les X_n ne sont pas centrées.

b) On suppose que $X_n \to X$ en probabilité. Démontrer que X_n converge vers X dans tous les espaces L^p.

V.3 Montrer que pour $x > 0$,

$$e^{-x^2/2}\left(\frac{1}{x} - \frac{1}{x^3}\right) \leq \int_x^{+\infty} e^{-t^2/2}\, dt \leq e^{-x^2/2}\,\frac{1}{x}\,.$$

Indication : intégrer par parties $t^{-1}te^{-t^2/2}$.

Soit maintenant $(X_n)_{n\in\mathbb{N}}$ une suite de variables aléatoires indépendantes, toutes de même loi $\mathcal{N}(0,1)$. Montrer que

$$\limsup_{n\to\infty} \frac{X_n}{\sqrt{2\log n}} = 1 \quad \text{p.s.}$$

Montrer également que

$$\frac{\max_{1\le i\le n} X_i}{\sqrt{2\log n}} \xrightarrow{P} 1\,.$$

V.4 Soit $(X_i)_{i\in I}$ une famille de variables aléatoires réelles sur $(\Omega,\mathcal{A},P)$; on suppose qu'il existe une fonction $G : [\,0,\infty\,[\to [\,0,\infty\,[$ vérifiant $\lim_{t\to\infty} G(t)/t = \infty$ telle que $\sup_{i\in I} E(G(|X_i|))$ est fini. Démontrer que la famille $(X_i)_{i\in I}$ est uniformément intégrable.

V.5 Soient $(X_n)_{n\in\mathbb{N}}$ et $(Y_n)_{n\in\mathbb{N}}$ deux suites de variables aléatoires réelles sur $(\Omega,\mathcal{A},P)$ convergeant en loi respectivement vers X et Y.

a) On suppose que pour tout n, X_n et Y_n sont indépendantes et que X et Y sont indépendantes. Démontrer que X_n+Y_n converge en loi vers $X+Y$. Donner un exemple montrant que l'hypothèse d'indépendance est indispensable.

b) On suppose que $Y=0$. Prouver que X_n+Y_n converge en loi vers X et X_nY_n converge en loi vers 0.

V.6 Soit $(\alpha_n)_{n\in\mathbb{N}}$ une suite de nombres appartenant à $[\,0,1\,]$; on lui associe une suite $(X_n)_{n\in\mathbb{N}}$ de variables aléatoires indépendantes sur un espace probabilisé $(\Omega,\mathcal{A},P)$ dont les lois vérifient

$$P\{\,X_n\le t\,\} = \begin{cases} 0 & \text{si } t<0,\\ \alpha_n + (1-\alpha_n)t^n & \text{si } t\in[\,0,1\,],\\ 1 & \text{si } t>1. \end{cases}$$

À quelles conditions sur $(\alpha_n)_{n\in\mathbb{N}}$, la suite $(X_n)_{n\in\mathbb{N}}$ converge-t-elle en loi, en probabilité, presque sûrement ?

V.7 Montrer que la probabilité P_n converge étroitement vers la probabilité P si et seulement si $\lim_{n\to\infty}\int\phi\,dP_n = \int\phi\,dP$ pour toute fonction ϕ infiniment différentiable, à support compact.

V.8 Une formule d'inversion de la transformée de Laplace.

a) Soit $\mathcal{P}(\lambda) = \sum_{n\in\mathbb{N}} e^{-\lambda}\frac{\lambda^n}{n!}\delta_n$ la loi de Poisson de paramètre λ. Montrer que si X_λ est de loi $\mathcal{P}(\lambda\theta)$ alors $(X_\lambda - \lambda\theta)/\lambda$ converge en probabilité vers 0 lorsque $\lambda \to \infty$. En déduire que

$$\lim_{\lambda\to\infty} e^{-\lambda\theta} \sum_{k\leq\lambda x} \frac{\lambda\theta^k}{k!} = \begin{cases} 0 & \text{si } \theta > x, \\ 1 & \text{si } \theta < x. \end{cases}$$

b) Soit $L(t) = \int_0^\infty e^{-tx}\,dP(x)$ la transformée de Laplace d'une loi P sur $\mathbb{R}^+$. Montrer que $L(t)$ est dérivable. Montrer que si P est de fonction de répartition F, alors

$$\lim_{\lambda\to\infty} \sum_{k\leq\lambda x} \frac{(-1)^k}{k!}\lambda^k L^{(k)}(\lambda) = F(x)$$

en tout point de continuité de F.

V.9 Une formule d'inversion de la transformée de Fourier.
Soient X, Y deux variables aléatoires réelles indépendantes. Notons f^X la densité de X.

a) Montrer que $E(e^{-itY}\varphi^X(Y)) = E(\varphi^Y(X-t))$, $t \in \mathbb{R}$.

b) Prendre Y de loi $\mathcal{N}(0,\sigma^2)$ et supposer φ^X intégrable par rapport à la mesure de Lebesgue. En considérant $\sigma \to \infty$, montrer la formule donnée au **Théorème III.5.4** :

$$f^X(x) = \frac{1}{2\pi}\int_{\mathbb{R}} e^{-itx}\varphi^X(t)\,dt.$$

c) Montrer que pour tous x, y et $m > 0$,

$$\frac{1}{2\pi}\int_{-m}^{m} \frac{e^{-itx} - e^{-ity}}{it}\varphi^X(t)\,dt$$
$$= \int_{-\infty}^{\infty}\left(\frac{1}{\pi}\int_0^m \frac{\sin t(z-x)}{t}\,dt - \frac{1}{\pi}\int_0^m \frac{\sin t(z-y)}{t}\,dt\right)dP^X(z)\,.$$

On rappelle que $\int_0^\infty \frac{\sin(tx)}{t}\,dt = \text{signe}(x)\pi/2$.

En déduire que si x et y sont des points de continuité de F^X, alors

$$F^X(y) - F^X(x) = \lim_{m\to\infty}\frac{1}{2\pi}\int_{-m}^{m}\frac{e^{-itx} - e^{-ity}}{it}\varphi^X(t)\,dt\,,$$

ce qui donne une formule d'inversion de Fourier, et montre que φ^X caractérise F^X et donc P^X.

V.10 Soit $(X_i)_{i\geq 1}$ une suite de variables aléatoires, de loi uniforme sur $[0,1]$. Soit N_n une variable aléatoire de loi binomiale $\mathcal{B}(n,p)$ et indépendante des X_i. Montrer que $n \min_{1\leq i\leq N_n} X_i$ converge en loi, lorsque $n \to \infty$, vers une variable aléatoire exponentielle de moyenne $1/p$.

V.11 Appliquer le théorème limite central à une suite $(X_n)_{n\in\mathbb{N}}$ de variables aléatoires indépendantes de même loi de Poisson de paramètre 1 pour trouver la limite de la suite

$$u_n = e^{-n} \sum_{0\leq k\leq n} \frac{n^k}{k!}, \quad n \in \mathbb{N}.$$

V.12 Soit $(X_i)_{i\geq 1}$ une suite de variables aléatoires réelles, indépendantes et de même loi P. On appelle mesure empirique de $X_1,\ldots,X_n$ la loi de probabilité $P_n = n^{-1}\sum_{1\leq i\leq n}\delta_{X_i}$ (cette mesure est aléatoire puisque les X_i le sont). Montrer que presque sûrement P_n converge étroitement vers P.

Indication : utiliser la définition 4.1.i et la loi forte des grands nombres. Si F_n (resp. F) est la fonction de répartition de P_n (resp. P), on prendra garde au fait que l'ensemble de mesure nulle sur lequel $\lim_{n\to\infty} F_n(t) \neq F(t)$ doit pouvoir être pris indépendant de t ; à cette fin, on peut utiliser la monotonie et la bornitude de F.

V.13 Notons $U^{(p)}$ la variable aléatoire réelle $\sum_{i\geq 1} 2^{-i}X_i$ où les X_i sont indépendantes, de loi $\mathcal{B}(1,p)$ et soit $\mathcal{L}^{(p)}$ la loi de $U^{(p)}$. Soit $x \in [0,1]$. Notons $x = \sum_{i\geq 1} 2^{-i}x_i$ son développement en base 2.

a) En utilisant la loi forte des grands nombres, montrer que sous $\mathcal{L}^{(p)}$, pour presque tout x, la proportion de 1 dans le développement en base 2 (i.e. $n^{-1}\sum_{1\leq i\leq n} x_i$) tend vers p. En déduire que les lois $\mathcal{L}^{(p)}$ sont étrangères les unes par rapport aux autres.

b) Montrer que $\mathcal{L}^{(1/2)}$ est la mesure de Lebesgue sur $[0,1]$ (loi uniforme sur $[0,1]$).

Indication : déterminer les mesures sous $\mathcal{L}^{(1/2)}$ des intervalles dyadiques.

Montrer que les lois $\mathcal{L}^{(p)}$ n'ont pas de parties discrètes. Donc si $p \notin \{0, 1/2, 1\}$ la fonction de répartition de $\mathcal{L}^{(p)}$ est continue, mais pas absolument continue.

V.14 Au **Théorème IV.3.1** nous avons vu comment construire une suite infinie de variables aléatoires indépendantes. Donnons ici une construction plus explicite sur $\mathbb{R}$. Soient X_n, $n \geq 1$, les variables aléatoires de loi $\mathcal{B}(1, 1/2)$ construites à l'**Exemple IV.1.7.ii.** En utilisant l'exercice V.13 et l'**Exemple V.1.3.i**, montrer qu'on peut construire une suite $(U_n)_{n\geq 1}$ de variables aléatoires uniformes sur $[\,0, 1\,]$, indépendantes.

Indication : considérer la construction en triangle

$$\begin{aligned}
U_1 &= 2^{-1}X_1 + 2^{-2}X_2 + 2^{-3}X_4 + 2^{-4}X_7 + \cdots \\
U_2 &= 2^{-1}X_3 + 2^{-2}X_5 + 2^{-3}X_8 + \cdots \\
U_3 &= 2^{-1}X_6 + 2^{-2}X_9 + \cdots \\
U_4 &= 2^{-1}X_{10} + \cdots \\
&\vdots
\end{aligned}$$

Montrer alors que si l'on se donne une famille de loi P_i, $i \in \mathbb{N}$, sur $\mathbb{R}$, on peut construire une suite de variables aléatoires réelles $(Z_i)_{i\in\mathbb{N}}$, indépendantes, telles que Z_i est de loi P_i. Nous avons donc dans ce cas une preuve constructive du **Théorème de Kolmogorov IV.3.1.**

V.15 On considère une marche aléatoire sur $\mathbb{Z}$, partant de l'origine, représentée par une suite $(X_n)_{n\geq 1}$ de variables aléatoires sur un espace probabilisé $(\Omega, \mathcal{A}, P)$, mutuellement indépendantes, et de même loi de Bernoulli sur $\{-1, 1\}$ de paramètre $0 < p < 1$ (autrement dit $P\{X_n = 1\} = 1 - P\{X_n = -1\} = p$ pour tout n). On pose $S_n = X_1 + \cdots + X_n$, $n \geq 1$, et par convention $S_0 = 0$. La variable aléatoire S_n représente donc la position au temps n du marcheur parti de 0. On s'intéresse à la probabilité de revenir une infinité de fois à son point de départ, c'est-à-dire à la probabilité de l'évènement

$$A = \{\, S_n = 0 \text{ pour une infinité de } n \,\}\,.$$

a) Démontrer que S_n/n converge presque sûrement vers une limite que l'on précisera.

b) Déduire de la question précédente que $P(A) = 0$ si $p \neq 1/2$.

c) On suppose à présent que $p = 1/2$.

(i) Pour tout $k \geq 0$, soit $Z_k = (S_{2^{k+1}} - S_{2^k})/\sqrt{2^k}$. Prouver que Z_k a même loi que $S_{2^k}/\sqrt{2^k}$. En déduire, en faisant usage du théorème limite central, que pour tout réel M,

$$\sum_{k\geq 0} P\{\, Z_k \geq M \,\} = \infty\,.$$

(ii) Conclure de la question précédente que $P\{\sup_k Z_k \geq M\} = 1$ pour tout M, puis que $P\{\sup_k |Z_k| = \infty\} = 1$. En déduire que

$$P\Big\{ \sup_{n\geq 1} \Big| \frac{S_n}{\sqrt{n}} \Big| = \infty \Big\} = 1\,.$$

(iii) Démontrer avec la loi du 0-1 que l'évènement $B^+ = \{\sup_{n\geq 1} S_n/\sqrt{n} = +\infty\}$ est de probabilité 0 ou 1. Soit $B^- = \{\inf_{n\geq 1} S_n/\sqrt{n} = -\infty\}$. Démontrer que $P(B^+) = P(B^-)$. Conclure, à l'aide de la question précédente, que $P(B^+) = P(B^-) = 1$.

(iv) Déduire de ce qui précède que $P(A) = 1$.

V.16 Soient μ et ν deux mesures de probabilité sur un espace mesurable $(E, \mathcal{B})$. On appelle distance en variation totale la quantité

$$\|\mu - \nu\| = \sup_{B\in\mathcal{B}} |\mu(B) - \nu(B)|\,.$$

Soient X et Y deux variables aléatoires sur $(\Omega, \mathcal{A}, P)$ de lois respectives P^X et P^Y.

a) Montrer l'inégalité $\|P^X - P^Y\| \leq P\{\, X \neq Y \,\}$.

b) Soient Y et ε deux variables aléatoires indépendantes sur $(\Omega, \mathcal{A}, P)$, Y de loi de Poisson de paramètre $0 < p < 1$ et ε de loi de Bernoulli de paramètre $1 - (1-p)e^p$. Soit $X = 1 - \mathbb{1}_{\{\varepsilon = Y = 0\}}$. Calculer la loi de X et démontrer que l'on a $P\{\, X \neq Y \,\} \leq p^2$.

c) Soit S une variable aléatoire de même loi qu'une somme de n variables aléatoires indépendantes de lois de Bernoulli de paramètre p_i, $0 < p_i < 1$, $i = 1, \ldots, n$. Démontrer qu'il existe une variable aléatoire Z suivant une loi de Poisson de paramètre $\lambda = \sum_{1\leq i\leq n} p_i$ telle que

$$\|P^S - P^Z\| \leq \sum_{1\leq i\leq n} p_i^2\,.$$

d) Retrouver le **Théorème V.5.6** pour $p_i = \lambda/n$, $\lambda > 0$, $1 \leq i \leq n$ $(n \geq \lambda)$.

Solutions

V.1 On considère les évènements $\{X_n \neq a_n\}$ que l'on note A_n. Étant donné que $\sum_n P(A_n)$ converge, d'après le lemme de Borel-cantelli, $P(A_n \text{ i.s}) = 0$. Donc pour presque tout $\omega \in \Omega$, $X_n(\omega) = a_n$ à partir d'un certain rang (dépendant de ω). Pour un tel ω, la série $\sum_n X_n(\omega)$ converge car par hypothèse $\sum_n a_n$ converge.
Donc $\sum_n X_n$ est presque sûrement convergente. □

V.2

a) Soit (X_n) une suite de variables aléatoires de loi $\mathcal{N}(0, \sigma_n^2)$ avec

$$X_n \xrightarrow{\mathcal{L}} X.$$

La suite des fonctions caractéristiques $\left(\varphi^{X_n}(t)\right)_n$ converge simplement sur $\mathbb{R}$ vers $\varphi^X(t)$, donc

$$\forall t,\ e^{-\sigma_n^2 t^2/2} \underset{n}{\to} \varphi^X(t). \tag{V.1}$$

On en déduit que la suite $(\sigma_n)_n$ est convergente vers un réel σ positif. Dans le cas où $\sigma > 0$, $\varphi^X(t) = e^{-\sigma^2 t^2/2}$ et la variable X suit donc la loi gaussienne $\mathcal{N}(0, \sigma^2)$. En revanche, le cas $\sigma = 0$ donne une convergence en loi vers la variable constante égale à 0 qui n'est pas gaussienne.

On suppose désormais que X_n suit la loi $\mathcal{N}(m_n, \sigma_n^2)$. On a

$$\forall t,\ e^{itm_n - \sigma_n^2 t^2/2} \underset{n}{\to} \varphi^X(t),$$

et donc, en prenant les modules,

$$\forall t,\ e^{-\sigma_n^2 t^2/2} \underset{n}{\to} |\varphi^X(t)|.$$

Comme précédemment, on en déduit que la suite $(\sigma_n)_n$ est convergente vers un réel σ.

La suite $(X_n)_n$ étant convergente en loi, elle est uniformément tendue (voir par exemple la suite du Théorème V.4.4 page 128). Par conséquent, en considérant les évènements $\{\, X_n \in [m_n - \sigma, m_n + \sigma] \,\}$, on obtient que la suite $(m_n)_n$ est nécessairement bornée.

Si $(m_n)_n$ admet deux points d'accumulation distincts, alors la suite $(e^{itm_n})_n$ ne peut converger pour toute valeur de t. En conclusion $(m_n)_n$ converge vers un réel m et

$$e^{itm_n - \sigma_n^2 t^2/2} \underset{n}{\longrightarrow} e^{itm - \sigma^2 t^2/2}.$$

La suite (X_n) converge en loi vers la loi de Gauss $\mathcal{N}(m, \sigma^2)$, dans le cas où $\sigma \neq 0$, ou bien vers la constante m si $\sigma = 0$.

b) Par le résultat du a), X est gaussienne centrée et de variance σ^2. D'après le Corollaire V.3.6, il suffit de montrer que la suite $\Big(E\big(|X_n|^p\big)\Big)_n$ est majorée. On pose $X_n = \sigma_n . Y_n$ et Y_n suit donc une loi normale centrée réduite. De plus

$$E\big(|X_n|^p\big) = \sigma_n^p \, E\big(|Y_n|^p\big) = \sigma_n^p \, E\big(|Y_0|^p\big) \leq K_p,$$

où K_p est une constante indépendante de n dont l'existence est assurée par la convergence de la suite $(\sigma_n)_n$. La suite (X_n) converge donc dans L^p pour tout p. □

V.3 Montrons que pour tout $x > 0$,

$$e^{-\frac{x^2}{2}} \left(\frac{1}{x} - \frac{1}{x^3} \right) \leq \int_x^{+\infty} e^{-\frac{t^2}{2}} \, dt \leq e^{-\frac{x^2}{2}} \frac{1}{x}.$$

Pour la première des inégalités, une intégration par parties donne

$$\int_x^{+\infty} e^{-\frac{t^2}{2}} \, dt = \int_x^{+\infty} t^{-1} \, t \, e^{-\frac{t^2}{2}} \, dt = \frac{e^{-\frac{x^2}{2}}}{x} - \int_x^{+\infty} \frac{e^{-\frac{t^2}{2}}}{t^2} \, dt.$$

On écrit

$$\int_x^{+\infty} \frac{e^{-\frac{t^2}{2}}}{t^2} \, dt = \int_x^{+\infty} t \, \frac{e^{-\frac{t^2}{2}}}{t^3} \, dt \leq \frac{1}{x^3} \int_x^{+\infty} t \, e^{-\frac{t^2}{2}} \, dt = \frac{1}{x^3} e^{-\frac{x^2}{2}}$$

et on en déduit :

$$e^{-\frac{x^2}{2}} \left(\frac{1}{x} - \frac{1}{x^3} \right) \leq \int_x^{+\infty} e^{-\frac{t^2}{2}} \, dt.$$

Pour la deuxième :

$$\int_x^{+\infty} e^{-\frac{t^2}{2}} \, dt = \int_x^{+\infty} t^{-1} \, t \, e^{-\frac{t^2}{2}} \, dt \leq \frac{1}{x} \int_x^{+\infty} t \, e^{-\frac{t^2}{2}} \, dt = \frac{1}{x} e^{-\frac{x^2}{2}}. \qquad □$$

De ces deux inégalités, il vient

$$\int_x^{+\infty} e^{-\frac{t^2}{2}} \, dt \underset{x \to +\infty}{\sim} \frac{1}{x} e^{-\frac{x^2}{2}}. \tag{V.2}$$

Soit alors $0 < \varepsilon < 1$. On pose

$$A_n = \left\{ \frac{X_n}{\sqrt{2\ln n}} \geq (1-\varepsilon) \right\} = \left\{ X_n \geq \sqrt{2\ln n}\,(1-\varepsilon) \right\}.$$

On a alors

$$\begin{aligned} P(A_n) &= \frac{1}{\sqrt{2\pi}} \int_{\sqrt{2\ln n}(1-\varepsilon)}^{+\infty} e^{-\frac{t^2}{2}}\, dt \\ &\sim \frac{1}{\sqrt{2\pi}} \frac{e^{-\ln n\,(1-\varepsilon)^2}}{\sqrt{2\ln n}(1-\varepsilon)} \sim K\, \frac{1}{\sqrt{\ln n}}\, \frac{1}{n^{(1-\varepsilon)^2}}. \end{aligned}$$

On reconnaît le terme général d'une série de Bertrand divergente. Les évènements A_n étant indépendants, par le lemme de Borel-Cantelli, on obtient $P(A_n \text{ i.s}) = 1$.
Pour ε strictement positif, on considère maintenant les évènements

$$B_n := \left\{ \frac{X_n}{\sqrt{2\ln n}} \geq (1+\varepsilon) \right\} = \left\{ X_n \geq \sqrt{2\ln n}\,(1+\varepsilon) \right\},$$

pour lesquels

$$\begin{aligned} P(B_n) &= \frac{1}{\sqrt{2\pi}} \int_{\sqrt{2\ln n}(1+\varepsilon)}^{+\infty} e^{-\frac{t^2}{2}}\, dt \\ &\sim \frac{1}{\sqrt{2\pi}} \frac{e^{-\ln n\,(1+\varepsilon)^2}}{\sqrt{2\ln n}(1+\varepsilon)} \sim K\, \frac{1}{\sqrt{\ln n}}\, \frac{1}{n^{(1+\varepsilon)^2}}. \end{aligned}$$

On reconnaît ici le terme général d'une série de Bertrand convergente. À l'aide du lemme de Borel-Cantelli on obtient $P(B_n \text{ i.s}) = 0$.
De ces deux résultats on déduit que :

$$\limsup \frac{X_n}{\sqrt{2\,\ln n}} = 1 \quad \text{p.s.}$$ □

Montrons maintenant que

$$\frac{\max_{1\leq i\leq n} X_i}{\sqrt{2\ln n}} \xrightarrow{P} 1,$$

c'est-à-dire

$$\forall \varepsilon > 0,\ P\left\{ 1-\varepsilon < \frac{\max_{1\leq i\leq n} X_i}{\sqrt{2\ln n}} < 1+\varepsilon \right\} \underset{n}{\rightarrow} 1.$$

Pour cela on montrera

a) $P\{\frac{\max X_i}{\sqrt{2\ln n}} < 1+\varepsilon\} \underset{n}{\rightarrow} 1$, puis

b) $P\{1-\varepsilon < \frac{\max X_i}{\sqrt{2\ln n}}\} \underset{n}{\longrightarrow} 1.$

Tout d'abord

$$\left\{\frac{\max_{1\leq i\leq n} X_i}{\sqrt{2\ln n}} < 1+\varepsilon\right\} = \bigcap_{i=1}^{n}\left\{X_i < (1+\varepsilon)\sqrt{2\ln n}\right\}$$

et les variables X_i étant indépendantes

$$\begin{aligned}
P\left\{\frac{\max X_i}{\sqrt{2\ln n}} < 1+\varepsilon\right\} &= \prod_{i=1}^{n} P\left\{X_i \leq (1+\varepsilon)\sqrt{2\ln n}\right\}\\
&= \left(P\left\{X_i \leq (1+\varepsilon)\sqrt{2\ln n}\right\}\right)^n\\
&= \left(1 - e^{(1+\varepsilon)^2\ln n}\left(\frac{1}{(1+\varepsilon)\sqrt{2\ln n}} + \circ\left(\frac{1}{\sqrt{\ln n}}\right)\right)\right)^n\\
&\text{par l'équivalent (V.2)}\\
&= \left(1 - \frac{1}{(1+\varepsilon)n^{(1+\varepsilon)^2}\sqrt{2\ln n}} + \circ\left(\frac{1}{\sqrt{\ln n}n^{(1+\varepsilon)^2}}\right)\right)^n\\
&= \exp\left(n\ \ln\left(1 - \frac{1}{(1+\varepsilon)n^{(1+\varepsilon)^2}\sqrt{2\ln n}}\right.\right.\\
&\qquad \left.\left. + \circ\left(\frac{1}{\sqrt{\ln n}n^{(1+\varepsilon)^2}}\right)\right)\right).
\end{aligned}$$

D'autre part

$$\begin{aligned}
&n\ \ln\left(1 - \frac{1}{(1+\varepsilon)n^{(1+\varepsilon)^2}\sqrt{2\ln n}} + \circ\left(\frac{1}{\sqrt{\ln n}n^{(1+\varepsilon)^2}}\right)\right)\\
&\underset{n}{\sim} \frac{-1}{n^{2\varepsilon+\varepsilon^2}(1+\varepsilon)\sqrt{2\ln n}} \underset{n}{\longrightarrow} 0,
\end{aligned}$$

d'où

$$P\left\{\frac{\max X_i}{\sqrt{2\ln n}} < 1+\varepsilon\right\} \xrightarrow[n\to\infty]{} 1,$$

ce qui prouve a).
Pour montrer b), on montre que $P\{\frac{\max X_i}{\sqrt{2\ln n}} \leq 1-\varepsilon\} \to 0$.

En effet :

$$P\left\{\frac{\max X_i}{\sqrt{2\ln n}} \leq 1-\varepsilon\right\} = P\left\{\bigcap_{i=1}^{n} X_i \leq \sqrt{2\ln n}(1-\varepsilon)\right\}$$

$$= \prod_{1}^{n} P\left\{X_i \leq \sqrt{2\ln n}(1-\varepsilon)\right\}$$

$$= \left(1 - P\left\{X_i > \sqrt{2\ln n}(1-\varepsilon)\right\}\right)^n$$

$$= \left(1 - e^{(1-\varepsilon)^2\ln n}\left(\frac{1}{(1-\varepsilon)\sqrt{2\ln n}} + \circ(\frac{1}{\sqrt{\ln n}})\right)\right)^n$$

par l'équivalent (V.2)

$$= \left(1 - \frac{1}{(1-\varepsilon)\sqrt{2\ln n}\, n^{(1-\varepsilon)^2}} + \circ\left(\frac{1}{\sqrt{2\ln n}\, n^{(1-\varepsilon)^2}}\right)\right)^n$$

$$\xrightarrow[n\to+\infty]{} 0.$$

Ce qui prouve b).

En remarquant que $P(A_n \cap B_n) \to 1$ dès que $P(A_n) \to 1$ et $P(B_n) \to 1$ on obtient le résultat. □

V.4 Sans perte de généralité on suppose les X_i positives et on note que pour tout réel a, $\int_{\{X_i>a\}} X_i\, dP = \int_a^{+\infty} t\, dP^{X_i}(t)$. On pose $M = \sup_{i\in I} E(G(X_i)) < \infty$.

Soit $A > 0$ arbitraire et a_0 tel que $t > a_0 \Rightarrow \frac{G(t)}{t} > A$.

Si $a > a_0$, on a

$$\forall i \in I, \quad \int_a^{+\infty} t\, dP^{X_i}(t) \leq \int_a^{+\infty} \frac{G(t)}{A}\, dP^{X_i}(t) \leq \frac{1}{A} E(G(X_i)) \leq \frac{M}{A}.$$

On en déduit

$$\sup_{i\in I} \int_{\{X_i>a\}} X_i\, dP \xrightarrow[a\to+\infty]{} 0.$$

La famille $(X_i)_{i\in I}$ est donc uniformément intégrable. □

V.5

a) On utilise les fonctions caractéristiques :

$$E\big(e^{it(X_n+Y_n)}\big) = E\big(e^{itX_n}\big)E\big(e^{itY_n}\big) \text{ car } X \text{ et } Y \text{ indépendants}$$

$$\xrightarrow[n]{} E\big(e^{itX}\big)E\big(e^{itY}\big)$$

$$= E\big(e^{it(X+Y)}\big) \text{ car } X \text{ et } Y \text{ indépendants.}$$

Donc $X_n + Y_n$ converge en loi vers $X + Y$.

Pour se convaincre de l'importance de l'hypothèse d'indépendance, il suffit de considérer une variable aléatoire X suivant une loi normale $\mathcal{N}(0,1)$ et poser :

$$X_n = X, \quad Y_n = -X.$$

On a ainsi

$$X_n \xrightarrow[n]{\mathcal{L}} X, \quad Y_n \xrightarrow[n]{\mathcal{L}} X \quad \text{et} \quad X_n + Y_n = 0.$$

b) Pour tout $x \in \mathbb{R}$ et tout $\varepsilon > 0$,

$$\{X_n \leq x - \varepsilon\} \cap \{|Y_n| \leq \varepsilon\} \subset \{X_n + Y_n \leq x\}.$$

En considérant les évènements contraires, puis les probabilités respectives, on obtient :

$$F^{X_n}(x - \varepsilon) \leq F^{X_n+Y_n}(x) + P\{|Y_n| > \varepsilon\}.$$

De même :

$$\{X_n > x + \varepsilon\} \cap \{|Y_n| > \varepsilon\} \subset \{X_n + Y_n > x\},$$

puis

$$F^{X_n+Y_n}(x) \leq F^{X_n}(x + \varepsilon) + P\{|Y_n| > \varepsilon\}.$$

De ces deux inégalités, on obtient

$$F^{X_n}(x - \varepsilon) - P\{|Y_n| > \varepsilon\} \leq F^{X_n+Y_n}(x) \leq F^{X_n}(x + \varepsilon) + P\{|Y_n| > \varepsilon\}.$$

La fonction F^{X_n} étant croissante, on déduit l'encadrement :

$$\left|F^{X_n+Y_n}(x) - F^{X_n}(x)\right| \leq F^{X_n}(x + \varepsilon) - F^{X_n}(x - \varepsilon) + P\{|Y_n| > \varepsilon\}.$$

On considère alors x point de continuité de F^X. On peut choisir ε aussi petit que l'on veut avec de plus $x - \varepsilon$ et $x + \varepsilon$ points de continuité de F^X et $F^X(x + \varepsilon) - F^X(x - \varepsilon)$ arbitrairement petit. Pour de tels x et ε, on a :

$$\limsup_n \left|F^{X_n+Y_n}(x) - F^X(x)\right| \leq F^X(x + \varepsilon) - F^X(x - \varepsilon).$$

On en déduit $F^{X_n+Y_n}(x) \to F^X(x)$ et $X_n + Y_n \xrightarrow{\mathcal{L}} X$. □

On va montrer que le produit $X_n Y_n$ converge en probabilité vers 0. Pour tout entier k

$$\{|X_n| < k\} \cap \{|Y_n| < \tfrac{1}{k^2}\} \subset \{|X_n Y_n| < \tfrac{1}{k}\}$$

et donc

$$\{|X_n Y_n| \geq \tfrac{1}{k}\} \subset \{|X_n| \geq k\} \cup \{|Y_n| \geq \tfrac{1}{k^2}\}.$$

Il s'en suit

$$P\{|X_n Y_n| \geq \tfrac{1}{k}\} \leq P\{|X_n| \geq k\} + P\{|Y_n| \geq \tfrac{1}{k^2}\}.$$

Soit $\varepsilon > 0$. La suite $(X_n)_n$ étant convergente en loi, elle est tendue. Donc quel que soit n, $P\{|X_n| \geq k\} < \varepsilon$ si est k est suffisamment grand. D'autre part la suite (Y_n) convergente en loi vers une constante converge en probabilité vers cette constante (voir **Exemples V.4.2 (iv)**), donc $P\{|Y_n| \geq \frac{1}{k^2}\} < \varepsilon$ si n suffisamment grand. Finalement

$$\forall k \in \mathbb{N},\ P\{|X_n Y_n| \geq \tfrac{1}{k}\} \xrightarrow[n\to\infty]{} 0.$$

La variable $(X_n Y_n)$ converge en probabilité, et donc en loi, vers 0. □

V.6 Pour que la suite $(X_n)_n$ converge en loi il faut qu'il existe un $t \in]0,1[$ pour lequel la suite $(P\{X_n \leq t\})_n$ soit convergente.

1er cas. Si la suite (α_n) ne tend pas vers 0, alors quel que soit $t \in]0,1[$

$$P\{X_n \leq t\} = \alpha_n + t^n + \alpha_n t^n \sim \alpha_n.$$

Dans ce cas, il est nécessaire que (α_n) soit convergente. Si $\alpha_n \to \alpha$, la suite (X_n) converge en loi vers la loi de Bernoulli $\alpha\delta_0 + (1-\alpha)\delta_1$.

2e cas. Si la suite (α_n) tend vers 0, alors la suite (X_n) converge en loi vers $X = 1$.

En conclusion, pour que (X_n) converge en loi, il faut et il suffit que α_n soit convergente vers un réel α, et (X_n) converge alors en loi vers $\alpha\delta_0 + (1-\alpha)\delta_1$. Pour pouvoir affirmer que la convergence soit une convergence en probabilité, il faut et il suffit que la limite X soit constante presque sûrement, c'est-à-dire $\alpha_n \to 0$ ou $\alpha_n \to 1$.
De même pour pouvoir affirmer que x $X_n \to 0$ (resp. 1) presque sûrement, il faut et il suffit que $\sum P\{X_n > \varepsilon\} < \infty$ (resp. $\sum P\{1 - X_n > \varepsilon\} < \infty$) pour tout ε (voir **Proposition V.1.2**, Lemme de Borel-Cantelli), c'est-à-dire si $\sum(1-\alpha_n) < \infty$ (resp.$\sum \alpha_n < \infty$).

V.7 L'ensemble des fonctions infiniment différentiables à support compact, noté $\mathcal{C}_K^\infty$, est dense dans $C_0(\mathbb{R})$, muni de la norme uniforme. On va montrer, dans un premier temps, que

$$\forall \psi \in C_0(\mathbb{R}),\ \int \psi(t)\, dP_n(t))_n \xrightarrow[n\to+\infty]{} \int \psi(t)\, dP(t). \qquad \text{(V.3)}$$

Soit $(\psi_p)_p$ une suite d'éléments de $\mathcal{C}_K^\infty$ convergente vers ψ dans $\big(C_0(\mathbb{R}), \|.\|\big)$. On a :

$$\begin{aligned}
&\left|\int \psi\, dP_n - \int \psi\, dP\right| \\
&\le \left|\int \psi - \psi_p\, dP\right| + \left|\int \psi_p\, dP - \int \psi_p\, dP_n\right| + \left|\int \psi_p\, dP_n - \int \psi_p\, dP\right| \\
&\le 2\|\psi - \psi_p\| + \left|\int \psi_p\, dP_n - \int \psi_p\, dP\right|.
\end{aligned}$$

Ces deux derniers termes sont aussi petits que l'on veut, pourvu que p soit suffisamment grand pour le premier, et que n soit suffisamment grand pour le second. On a ainsi montré (V.3).
Soit désormais $\varphi \in \mathcal{C}_b(\mathbb{R})$ (espaces des fonctions continues bornées) et $(f_k)_k$ une suite croissante de fonctions positives dans $\mathcal{C}_K^\infty$ vérifiant

$$0 \le f_k \le 1 \quad \text{et} \quad \forall x \in \mathbb{R},\ f_k(x) \underset{k}{\to} 1.$$

Quel que soit $\varphi \in \mathcal{C}_b(\mathbb{R})$, on a

$$\begin{aligned}
&\left|\int \varphi\, dP_n - \int \varphi\, dP\right| \\
&\le \left|\int (\varphi - \varphi f_k)\, dP_n\right| + \left|\int \varphi f_k\, dP_n - \int \varphi f_k\, dP\right| + \left|\int \varphi f_k - \varphi\, dP\right| \\
&\le \|\varphi\| \int (1 - f_k)\, dP_n + \left|\int \varphi f_k\, dP - \int \varphi f_k\, dP_n\right| + \|\varphi\| \int (1 - f_k)\, dP.
\end{aligned}$$

le dernier terme est aussi petit que l'on veut pourvu que k soit suffisamment grand et le deuxième terme, pour k alors fixé, est aussi petit que l'on veut pourvu que n soit suffisamment grand. Enfin, concernant le premier terme, on remarque

$$\|\varphi\| \int (1 - f_k)\, dP_n = \|\varphi\|(1 - \int f_k\, dP_n) \xrightarrow[n \to \infty]{} \|\varphi\| \int (1 - f_k)\, dP.$$

Il est donc aussi petit que l'on veut si n suffisamment grand. □

V.8

a) Soit ε strictement positif.

$$P\left\{\left|\frac{X_\lambda - \lambda\theta}{\lambda}\right| \ge \varepsilon\right\} = P\left\{|X_\lambda - \lambda\theta| \ge \lambda\varepsilon\right\} \le \frac{\mathsf{V}(X_\lambda)}{\lambda^2 \varepsilon^2} = \frac{\lambda\,\theta}{\lambda^2\,\varepsilon^2} \xrightarrow[\lambda \to +\infty]{} 0.$$

La majoration utilisée étant l'inégalité de Tchebitchef appliquée à X_λ. On en déduit que $\frac{X_\lambda - \lambda\theta}{\lambda}$ converge en probabilité vers 0 et donc converge en loi vers 0.

Pour $x > 0$, on a

$$\{X_\lambda \leq \lambda x\} = \left\{\frac{X_\lambda - \lambda\theta + \lambda\theta - \lambda x}{\lambda} \leq 0\right\} = \left\{\frac{X_\lambda - \lambda\theta}{\lambda} \leq x - \theta\right\}.$$

Or $P\{X_\lambda \leq \lambda x\} = e^{-\lambda\theta} \sum_{k \leq \lambda x} \frac{(\lambda\theta)^k}{k!}$ et

$$P\left\{\frac{X_\lambda - \lambda\theta}{\lambda} \leq x - \theta\right\} \xrightarrow[\lambda \to +\infty]{} \begin{cases} 1 & \text{si } x > \theta, \\ 0 & \text{si } x < \theta \end{cases} \quad \text{(par la cv en loi)},$$

donc

$$e^{-\lambda\theta} \sum_{k \leq \lambda x} \frac{(\lambda\theta)^k}{k!} \xrightarrow[\lambda \to +\infty]{} \begin{cases} 1 & \text{si } x > \theta, \\ 0 & \text{si } x < \theta. \end{cases}$$ □

b) Par utilisation des théorèmes de dérivation sous le signe intégral[1], la fonction L est dérivable sur $\mathbb{R}_+^*$. En effet :

(i) $t \mapsto e^{-tx}$ est dérivable sur $\mathbb{R}^+$ pour tout $x \geq 0$.

(ii) Si $\alpha > 0$, pour tout $x \geq 0$ et tout $t \geq \alpha$, $\left|x\, e^{-tx}\right| \leq \left|x\, e^{-\alpha x}\right| \in \mathcal{L}^1(P)$, car bornée.

Donc L est dérivable sur $[\alpha, +\infty[$ avec $L'(t) = \int_0^{+\infty} (-x)\, e^{-tx}\, dP(x)$. Le réel $\alpha > 0$ étant quelconque, on en déduit que L est dérivable sur $\mathbb{R}_+^*$.

On peut réitérer ce raisonnement pour prouver que quel que soit $k \in \mathbb{N}$, L est k fois dérivable sur $\mathbb{R}_+^*$ avec

$$L^{(k)}(t) = \int_0^{+\infty} (-x)^k\, e^{-tx}\, dP(x).$$

Pour prouver l'égalité demandée, on utilise le résultat montré en a). On remarque

$$\forall \lambda \geq 0,\ \forall \theta \geq 0,\ e^{-\lambda\theta} \sum_{k \leq \lambda x} \frac{(\lambda\theta)^k}{k!} \leq e^{-\lambda\theta} \sum_{k=0}^{\infty} \frac{(\lambda\theta)^k}{k!} = 1 \in \mathcal{L}^1(P)$$

et donc par convergence dominée

$$\int e^{-\lambda\theta} \sum_{k \leq \lambda x} \frac{(\lambda\theta)^k}{k!}\, dP(\theta) \xrightarrow[\lambda \to +\infty]{} \int \mathbb{1}_{[0,x[}\, dP(\theta).$$

[1] Voir par exemple « Calcul intégral », J. Faraut, EDP Sciences.

Si x est un point de continuité F alors $\int \mathbb{1}_{[0,x[}\, dP(\theta) = F(x)$. D'autre part pour tout $x > 0$:

$$\begin{aligned}\int e^{-\lambda\theta} \sum_{k\leq\lambda x} \frac{(\lambda\theta)^k}{k!}\, dP(\theta) &= \sum_{k\leq\lambda x} \int e^{-\lambda\theta}\, \frac{(\lambda\theta)^k}{k!}\, dP(\theta)\\ &= \sum_{k\leq\lambda x} \frac{(-1)^k}{k!} \lambda^k\, L^{(k)}(\lambda).\end{aligned}$$

On obtient donc pour tout $x > 0$, point de continuité de F

$$\sum_{k\leq\lambda x} \frac{(-1)^k}{k!} \lambda^k\, L^{(k)}(\lambda) \xrightarrow[\lambda\to+\infty]{} \int \mathbb{1}_{[0,x[}\, dP(\theta) = F(x). \qquad \square$$

Concernant le cas particulier $x = 0$, la somme précédente vaut $L(\lambda)$ et à nouveau par convergence dominée

$$\lim_{\lambda\to+\infty} L(\lambda) = \int \mathbb{1}_{\{0\}}\, dP(\theta) = F(0).$$

V.9

a) On utilise le théorème de Fubini (voir Théorème II.5.1)

$$\begin{aligned}E\big(e^{-itY}\, \varphi^X(Y)\big) &= E\Big(e^{-itY} \int e^{iYx} f^X(x)\, dx\Big)\\ &= E\Big(\int e^{i(Yx-tY} f^X(x)\, dx\Big)\\ &= \int E\big(e^{iY(x-t}\big) f^X(x)\, dx, \quad \text{par le thm. de Fubini}\\ &= E\big(\varphi^Y(X-t)\big). \qquad \square\end{aligned}$$

b) On rappelle que si Y suit une loi normale $\mathcal{N}(0,\sigma^2)$, on a $\varphi^Y(t) = e^{-\sigma^2 t^2/2}$. L'identité montrée précédemment devient alors

$$\forall t,\ E\big(e^{-itY}\, \varphi^X(Y)\big) = E\big(e^{-\frac{\sigma^2}{2}(X-t)^2}\big) \tag{V.4}$$

et cette dernière expression n'est autre que l'expression au facteur $\frac{\sigma}{\sqrt{2\pi}}$ près, de la densité d'une variable $X + Z$, avec Z indépendante de X et suivant la loi $\mathcal{N}(0, 1/\sigma^2)$. (voir Exemples IV.2.4.(iv)).

D'autre part, lorsque $\sigma \to +\infty$, la variable aléatoire Z converge en loi vers 0 (regarder par exemple la convergence des fonctions caractéristiques), et d'après le résultat établi à l'exercice V.5.b), $X+Z \xrightarrow[\sigma\to+\infty]{} X$, en loi. On a donc pour toute fonction continue à support compact ψ :

$$\frac{\sigma}{\sqrt{2\pi}} \int \psi(t) E\big(e^{-\frac{\sigma^2}{2}(X-t)^2}\big)\, dt \xrightarrow[\sigma\to+\infty]{} \int \psi(x) f^X(x)\, dx.$$

En utilisant (V.4), on obtient

$$\frac{1}{2\pi} \int \psi(t) \Big(\int e^{-ity} \varphi^X(y)\, e^{-\frac{y^2}{2\sigma^2}}\, dy \Big)\, dt \xrightarrow[\sigma\to 0]{} \int \psi(x) f^X(x)\, dx.$$

D'autre part, sous l'hypothèse « φ^X intégrable », et par convergence dominée :

$$\forall t, \quad \int e^{-ity} \varphi^X(y)\, e^{-\frac{y^2}{2\sigma^2}}\, dy \xrightarrow[\sigma\to+\infty]{} \int e^{-ity} \varphi^X(y)\, dy.$$

À nouveau par un argument de convergence dominée, on a

$$\frac{1}{2\pi} \int \psi(t) \Big(\int e^{-ity} \varphi^X(y)\, e^{-\frac{y^2}{2\sigma^2}}\, dy \Big)\, dt$$
$$\xrightarrow[\sigma]{} \int \psi(t) \Big(\frac{1}{2\pi} \int e^{-ity} \varphi^X(y)\, dy \Big)\, dt.$$

Et de l'identité

$$\int \psi(x) f^X(x)\, dx = \int \psi(t) \Big(\frac{1}{2\pi} \int e^{-ity} \varphi^X(y)\, dy \Big)\, dt,$$

valable pour toute fonction continue à support compact, on déduit que

$$f^X(x) = \frac{1}{2\pi} \int e^{-ixy} \varphi^X(y)\, dy \quad \text{p.s.}$$ □

c) On suppose ici que $x < y$. On applique le théorème de Fubini (voir **Théorème II.5.1**) pour intégrer la fonction

$$(t, z) \mapsto \frac{e^{-itx} - e^{-ity}}{it} e^{itz}$$

sur l'espace $\big([-m,m]\times\mathbb{R}, \lambda\otimes dP^X\big)$. Il vient

$$\begin{aligned}
&\frac{1}{2\pi}\int_{-m}^{m}\frac{e^{-itx}-e^{-ity}}{it}\varphi^X(t)\,dt\\
&\quad=\frac{1}{2\pi}\int_{[-m,m]\times\mathbb{R}}\frac{e^{-itx}-e^{-ity}}{it}e^{itz}\,dt\otimes dP^X(z)\\
&\quad=\frac{1}{2\pi}\int_{-\infty}^{+\infty}\left(\int_{-m}^{m}\frac{e^{it(z-x)}-e^{it(z-y)}}{it}\,dt\right)dP^X(z)\\
&\quad=\frac{1}{2\pi}\int_{-\infty}^{+\infty}\left(\int_{-m}^{m}\frac{e^{it(z-x)}}{it}\,dt-\int_{-m}^{m}\frac{e^{it(z-y)}}{it}\,dt\right)dP^X(z)\\
&\quad=\int_{-\infty}^{\infty}\left(\frac{1}{\pi}\int_{0}^{m}\frac{\sin t(z-x)}{t}\,dt-\frac{1}{\pi}\int_{0}^{m}\frac{\sin t(z-y)}{t}\,dt\right)dP^X(z).
\end{aligned}$$

L'expression entre parenthèses tend vers $\mathbb{1}_{]x,y[}(z)+1/2\big(\mathbb{1}_{\{x\}}(z)+\mathbb{1}_{\{y\}}(z)\big)$ lorsque m tend vers $+\infty$ et peut être majorée par une constante indépendante de m et de z. Par convergence dominée, on a :

$$\begin{aligned}
&\int_{-\infty}^{\infty}\left(\frac{1}{\pi}\int_{0}^{m}\frac{\sin t(z-x)}{t}\,dt-\frac{1}{\pi}\int_{0}^{m}\frac{\sin t(z-y)}{t}\,dt\right)dP^X(z)\\
&\qquad\xrightarrow[m\to\infty]{}\int\mathbb{1}_{]x,y[}(z)+\frac{1}{2}(\mathbb{1}_{\{x\}}(z)+\mathbb{1}_{\{y\}}(z))\,dP^X(z).
\end{aligned}$$

Pour x et y points de continuité de F^X, cette dernière intégrale vaut $F^X(y)-F^X(x)$ et on obtient bien la relation demandée qui caratérise donc F^X et donc la loi P^X. □

V.10 Soit $t\in[0,1]$. On a

$$\begin{aligned}
\{n\min_{1\le i\le N_n}X_i>t\}&=\bigcup_{k=0}^{n}\{n\min_{1\le i\le N_n}X_i>t\}\cap\{N_n=k\}\\
&=\bigcup_{k=0}^{n}\{n\min_{1\le i\le k}X_i>t\}\cap\{N_n=k\}\\
&=\bigcup_{k=0}^{n}\{\min_{1\le i\le k}X_i>\frac{t}{n}\}\cap\{N_n=k\}.
\end{aligned}$$

Les X_i et N_n étant indépendantes, il s'en suit :

$$\begin{aligned} P\{n \min_{1\leq i\leq N_n} X_i > t\} &= \sum_{k=0}^{n}(1-\frac{t}{n})^k \binom{n}{k} p^k q^{n-k} \\ &= ((1-\frac{t}{n})p+q)^n \\ &= (1-\frac{pt}{n})^n \xrightarrow[n\to+\infty]{} e^{-pt}. \end{aligned}$$

Pour $t \notin [0,1]$, le calcul est trivial, et finalement :

$$\forall t \in \mathbb{R},\ P(n \min_{1\leq i\leq N_n} X_i \leq t) \underset{n}{\to} P(Y \leq t) \text{ où } Y \rightsquigarrow \mathcal{E}xp(p).$$ □

V.11 Si $(X_n)_{n\geq 1}$ est une suite de variables aléatoires indépendantes suivant la même loi de Poisson $\mathcal{P}(\lambda)$, on sait que $X_1 + X_2 + \cdots + X_n \rightsquigarrow \mathcal{P}(n\lambda)$ avec, en particulier, $E(X_1 + \cdots + X_n) = n\lambda$ et $\mathrm{Var}(X_1 + \cdots + X_n) = n\lambda$. On prend alors $\lambda = 1$ et on applique le théorème limite central

$$P\left\{\frac{X_1+\ldots+X_n-n}{\sqrt{n}} \leq 0\right\} \underset{n}{\to} \frac{1}{\sqrt{2\pi}}\int_{-\infty}^{0} e^{-\frac{t^2}{2}}\,dt = \frac{1}{2}.$$

Or

$$P\left\{\frac{X_1+\ldots+X_n-n}{\sqrt{n}} \leq 0\right\} = P\{X_1+\ldots+X_n \leq n\} = e^{-n}\sum_{0\leq k\leq n}\frac{n^k}{k!}.$$

D'où le résultat :

$$e^{-n}\sum_{0\leq k\leq n}\frac{n^k}{k!} \xrightarrow[n\to+\infty]{} \frac{1}{2}.$$ □

V.12 Soit F la fonction de répartition de X_1 et $t \in \mathbb{R}$. On pose

$$X'_i = \mathbb{1}_{\{X_i\leq t\}} = \begin{cases} 1 & \text{si } X_i \leq t, \\ 0 & \text{sinon.} \end{cases}$$

La suite $(X'_i)_{i\geq 1}$ est alors une suite de variables aléatoires indépendantes, de même loi et d'après la loi forte des grands nombres

$$\frac{X'_1+\cdots+X'_n}{n} \xrightarrow{\text{p.s}} E(X'_1) = P(X_1 \leq t) = F(t).$$

On note alors

$$\begin{aligned} \Omega_t &= \{\omega \in \Omega,\ \text{pour lesquels la convergence a lieu}\} \\ &= \left\{\omega \in \Omega,\ \frac{X'_1(\omega)+\cdots+X'_n(\omega)}{n} \to E(X'_1)\right\}. \end{aligned}$$

Soit (t_n) une suite de rationnels « surjective sur $\mathbb{Q}$ ». (On pourrait considérer toute autre suite vérifiant $\{t_n,\ n \in \mathbb{N}\}$ dense dans $\mathbb{R}$). On considère $\Omega' := \cap_n \Omega_{t_n}$. On a $P(\Omega') = 1$.
On prend $\omega \in \Omega'$ et on note F_k la fonction de répartition de $P_k = k^{-1}\sum_{1\leq i\leq k}\delta_{X_i(\omega)}$.
Soient $t \in \mathbb{R}$ un point de continuité de F et $\varepsilon > 0$. Il existe alors t_i et t_j tels que

$$t_i < t < t_j \quad \text{et} \quad 0 < F(t_j) - F(t_i) < \varepsilon.$$

Pour tout $k \in \mathbb{N}$, $F_k(t_i) \leq F_k(t) \leq F_k(t_j)$ et pour tout n, $F_k(t_n) \underset{k}{\rightarrow} F(t_n)$, donc par passage à la limite quand k tend vers $+\infty$

$$F(t_i) \leq \liminf_k F_k(t) \leq \limsup_k F_k(t) \leq F(t_j).$$

Le réel ε étant arbitraire, $(F_k(t))_k$ converge vers $F(t)$. Donc presque sûrement, P_n converge étroitement vers P. □

V.13

a) On considère les variables X_i définies sur $(\Omega, \mathcal{A}, P)$. D'après la loi forte des grands nombres

$$\frac{\sum_1^n X_i}{n} \xrightarrow[n\to\infty]{\text{p.s}} E(X_1) = p.$$

On note $\Omega' = \{\omega \in \Omega,\ \frac{\sum_1^n X_i(\omega)}{n} \xrightarrow[n\to\infty]{} p\}$ et $E = U^{(p)}(\Omega')$. On a $P(\Omega') = 1$ et donc $P^{U^{(p)}}(E) = 1$ et ainsi

$$\forall x = \sum_{i\geq 1} \frac{x_i}{2^i} \in E, \text{ on a } \frac{\sum_i^n x_i}{n} \xrightarrow[n\to\infty]{} p.$$ □

Soient $p, q \in]0,1[$ avec $p \neq q$. On pose

$$E^p = \{x = \sum_{i\geq 1} \frac{x_i}{2^i} \in [0,1[,\ \frac{\sum_i^n x_i}{n} \xrightarrow[n\to\infty]{} p\}.$$

On a évidemment $E^p \cap E^q = \emptyset$ et donc

$$P^{U^{(p)}}(E^p) = 1 \quad \text{et} \quad P^{U^{(p)}}(E^q) = 0.$$

Ainsi les lois $\mathcal{L}^{(p)}$ sont étrangères les unes par rapport aux autres. □

b) On considère l'intervalle dyadique $[k/2^n, (k+1)/2^n[$ de $[0,1]$, où n est un entier quelconque et $0 \leq k \leq 2^n - 1$.

Si λ désigne la mesure de Lebesgue, $\lambda([k/2^n,(k+1)/2^n[) = 1/2^n$. D'autre part, la réalisation ou non de l'évènement $\{U^{(1/2)} \in [k/2^n,(k+1)/2^n[\}$ ne dépend que des valeurs prises par $X_1,\dots,X_n$. Plus précisément, on a

$$\{U^{(1/2)} \in [k/2^n,(k+1)/2^n]\} \iff \{X_1 = i_1\} \cap \cdots \cap \{X_n = i_n\}$$

pour des $i_1,\cdots,i_n$ déterminés dans $\{0,1\}$ de manière unique. Utilisant l'indépendance des variables X_i :

$$P\{U^{(1/2)} \in [k/2^n,(k+1)/2^n]\} = P\{X_1 = i_1\} \times \cdots \times P\{X_n = i_n\} = \frac{1}{2^n}.$$

Donc $\mathcal{L}^{(1/2)}$ coïncide avec la mesure de Lebesgue sur les intervalles dyadiques. Observant qu'une union d'intervalles dyadiques se décompose en une union disjointe d'intervalles dyadiques (puisque l'intersection de deux intervalles dyadiques est un intervalle dyadique), $\mathcal{L}^{(1/2)}$ et la mesure de Lebesgue coïncident sur l'algèbre de Boole engendrée par les intervalles dyadiques. Par la **Proposition I.4.7**, elles coïncident sur la tribu engendrée, qui n'est autre que la tribu engendrée par les intervalles, c'est-à-dire la tribu des boréliens. Donc $\mathcal{L}^{(1/2)}$ est la mesure de Lebesgue sur $[0,1]$.

□

Remarque : on peut aussi prouver que $\mathcal{L}^{(1/2)}$ est la mesure de Lebesgue sur $[0,1]$ en utilisant les fonctions caractéristiques. Si U désigne la variable aléatoire $\sum_{k\geq 1} \frac{X_k}{2^k}$, on a :

$$\phi^U(t) = E(e^{itU}) = E(e^{it\sum_{k\geq 1}\frac{X_k}{2^k}}) = E(\lim_n e^{it\sum_{k=1}^n \frac{X_k}{2^k}})$$

$$= \lim_n (E(e^{it\sum_{k=1}^n \frac{X_k}{2^k}}), \text{ par convergence dominée.}$$

De plus

$$E\left(e^{it\sum_{k=1}^n \frac{X_k}{2^k}}\right) = e^{i\frac{t}{2^2}}\, e^{i\frac{t}{2^3}} \cdots e^{i\frac{t}{2^{n+1}}} \cos\left(\frac{t}{2^2}\right)\cdots\cos\left(\frac{t}{2^{n+1}}\right),$$

et on peut facilement montrer que

$$\cos\left(\frac{t}{2^2}\right)\cdots\cos\left(\frac{t}{2^n}\right)\sin\left(\frac{t}{2^n}\right) = \left(\tfrac{1}{2}\right)^{n-1}\sin\left(\frac{t}{2}\right).$$

On en déduit alors

$$E(e^{it\sum_{k=1}^n \frac{X_k}{2^k}}) \xrightarrow[n\to\infty]{} e^{\frac{it}{2}}\,\frac{2}{t}\sin\left(\frac{t}{2}\right) = \frac{e^{it}-1}{it}.$$

D'où $\phi^U(t) = \frac{e^{it}-1}{it}$. C'est la fonction caractéristique de la mesure de Lebesgue sur $[0,1]$, donc les mesures coïncident.

D'autre part, pour $x = \sum_{i \geq 1} \frac{x_i}{2^i} \in [0,1]$:

$$P\{U^{(p)} = x\} = P\{\cap_{i\geq 1}[X_i = x_i]\} = 0, \quad \text{pour tout } p \notin \{0,1\}.$$

Pour $p \neq 0$ et $p \neq 1$, la mesure $\mathcal{L}^{(p)}$ n'admet donc pas de partie discrète et si de plus $p \neq 1/2$, elle n'est pas absolument continue (par rapport à la mesure de Lebesgue) car étrangère à celle-ci. □

V.14 D'après l'exercice V.13, les variables U_i suivent la même loi uniforme sur $[0,1]$. D'autre part, il est clair que la construction en triangle à partir des X_i, indépendantes, permet d'assurer que les U_i sont indépendantes.
Enfin si F_i désigne la fonction de répartition de P_i, et $F_i^{\leftarrow}$ sa fonction de quantile (voir Proposition III.2.7), alors la suite $(Z_i)_i = (F_i^{\leftarrow}(U_i))_i$ est une suite de variables aléatoires indépendantes avec Z_i de loi P_i. □

V.15

a) D'après la loi forte des grands nombres

$$\frac{S_n}{n} \xrightarrow[n\to\infty]{} E(X_1) = p - q \quad \text{presque sûrement} \quad (\text{où } q := 1-p).$$

b) Supposons $p > q$ et soit α vérifiant $0 < \alpha < p - q$. On note Ω' l'évènement :

$$\Omega' = \{\omega \in \Omega,\ \frac{S_n(\omega)}{n} \xrightarrow[n]{} p - q\}.$$

Ainsi $P(\Omega') = 1$ et pour tout $\omega \in \Omega'$, il existe $N \in \mathbb{N}$ vérifiant

$$\forall n \geq N,\ 0 < \alpha < \frac{S_n(\omega)}{n}.$$

Il est clair que quel que soit $n \geq N$, $S_n(\omega) \neq 0$ donc $\omega \notin A$. Par conséquent $A \cap \Omega' = \emptyset$ et donc $P(A) = 0$. □

c) (i) La variable $Z_k = (S_{2^{k+1}} - S_{2^k})/\sqrt{2^k} = (X_{2^k+1} + \cdots + X_{2^{k+1}})/\sqrt{2^k}$ suit la même loi que $(X_1 + \cdots + X_{2^k})/\sqrt{2^k}$ car les X_i ont même loi et sont indépendantes.

D'autre part, l'écart-type de X_i valant 1, le théorème limite central donne

$$P\left\{\frac{X_1 + \cdots + X_n}{\sqrt{n}} \geq M\right\} \xrightarrow[n\to\infty]{} \frac{1}{\sqrt{2\pi}} \int_M^{+\infty} e^{-\frac{t^2}{2}}\, dt \neq 0.$$

Donc $P\{Z_k \geq M\} \xrightarrow[k\to\infty]{} \frac{1}{\sqrt{2\pi}}\int_M^{+\infty} e^{-\frac{t^2}{2}}\,dt \neq 0$ et la série $\sum_{k\geq 0} P\{Z_k \geq M\}$ diverge grossièrement et $\sum_{k\geq 0} P\{Z_k \geq M\} = \infty$. □

(ii) Les évènements $\{Z_k \geq M\}$, $k = 0, 1, \ldots$ sont indépendants car les variables Z_k sont indépendantes. Du lemme de Borel-Cantelli (voir **Théorème IV.3.5**), on déduit $P\{Z_k \geq M, \text{ i.s.}\} = 1$. En particulier :

$$\forall M,\ P\{\sup_k Z_k \geq M\} = 1.$$

D'autre part

$$\left\{\sup_k Z_k = +\infty\right\} = \bigcap_{n=1}^{\infty} \left\{\sup_k Z_k \geq n\right\},$$

donc $P\{\sup_k Z_k = +\infty\} = 1$ puis $P\{\sup_k \mid Z_k \mid = +\infty\} = 1$ car

$$\left\{\sup_k Z_k = +\infty\right\} \subset \left\{\sup_k \mid Z_k \mid = +\infty\right\}.$$ □

On note à nouveau $\Omega' = \{\omega \in \Omega \text{ tel que } \sup_k \mid Z_k(\omega) \mid = +\infty\}$. On a :

$$\begin{aligned}\left|\frac{S_{2^{k+1}}}{\sqrt{2^{k+1}}}\right| &= \left|\frac{X_1 + \cdots + X_{2^k} + \cdots + X_{2^{k+1}}}{\sqrt{2^{k+1}}}\right| \\ &= \frac{1}{\sqrt{2}}\left|\frac{X_1 + \cdots + X_{2^k}}{\sqrt{2^k}} + \frac{X_{2^k+1} + \cdots + X_{2^{k+1}}}{\sqrt{2^k}}\right|.\end{aligned}$$

Pour $\omega \in \Omega'$

$$\left|\frac{S_{2^{k+1}}(\omega)}{\sqrt{2^{k+1}}}\right| = \frac{1}{\sqrt{2}}\left|\frac{S_{2^k}(\omega)}{\sqrt{2^k}} + Z_k(\omega)\right|. \qquad \text{(V.5)}$$

D'après l'identité (V.5), la suite $\frac{S_{2^n}(\omega)}{\sqrt{2^n}}$ ne peut être bornée et donc

$$\forall \omega \in \Omega',\ \sup_n \left|\frac{S_{2^n}(\omega)}{\sqrt{2^n}}\right| = +\infty, \text{ ainsi } P\left\{\sup_n \left|\frac{S_{2^n}}{\sqrt{2^n}}\right| = +\infty\right\} = 1. \qquad \text{(V.6)}$$

□

(iii) L'évènement B^+ s'écrit

$$\begin{aligned} B^+ &= \left\{\sup_{n\geq 1} \frac{S_n}{\sqrt{n}} = +\infty\right\} \\ &= \left\{\sup_{n\geq 1} \frac{X_1 + \cdots + X_n}{\sqrt{n}} = +\infty\right\} \\ &= \left\{\sup_{n\geq k} \frac{X_k + \cdots + X_n}{\sqrt{n}} = +\infty\right\}, \ \forall k. \end{aligned}$$

Donc B^+ appartient à la tribu terminale des tribus $\sigma(X_n)$ et, d'après la loi du 0-1, $P(B^+) = 0$ ou 1. □

En considérant la suite $-X_n$, on montre que $P(B^+) = P(B^-)$ et on a

$$\left\{\sup_{n} \left|\frac{S_n}{\sqrt{n}}\right| = +\infty\right\} \subset B^+ \cup B^-$$

et par (V.6), on a $P(B^+) = P(B^-) = 1$. □

(iv) On raisonne par l'absurde en supposant que $P(A) < 1$. On a

$$\overline{A} = \left(\overline{A} \cap B^+\right) \cup \left(\overline{A} \cap B^-\right) \quad \text{la réunion étant disjointe ici !}$$

D'où $P(\overline{A}) = P\left(\overline{A} \cap B^+\right) + P\left(\overline{A} \cap B^-\right) > 0$, donc l'un des deux termes est nécessairement strictement positif, disons le premier. On a alors $P\left(\overline{A} \cap B^-\right) < P(\overline{A})$ et

$$\begin{aligned} P(B^-) &= P(B^- \cap A) + P(B^- \cap \overline{A}) \\ &\leq P(A) + P(B^- \cap \overline{A}) \\ &< P(A) + P(\overline{A}) = 1 \quad \text{d'après la dernière remarque.} \end{aligned}$$

Or $P(B^-) = 1$, d'où la contradiction. Donc $P(A) = 1$. □

V.16

a) Pour tout $B \in \mathcal{A}$, on a

$$\{X \in B\} = (\{X \in B\} \cap \{X = Y\}) \cup (\{X \in B\} \cap \{X \neq Y\}),$$

et donc

$$P\{X \in B\} = P\big(\{X \in B\} \cap \{X = Y\}\big) + P\big(\{X \in B\} \cap \{X \neq Y\}\big).$$

De même pour Y, d'où

$$\begin{aligned}|P^X(B) - P^Y(B)| &= \big|P(\{X \in B\} \cap \{X \neq Y\}) \\ &\quad - P(\{Y \in B\} \cap \{X \neq Y\})\big| \\ &\leq P\{X \neq Y\}.\end{aligned}$$

Ainsi $\|P^X - P^Y\| \leq P\{X \neq Y\}$. □

b) Remarquons d'abord que pour $0 < p < 1$, on a $0 < 1-(1-p)e^p < 1$. La variable X suit une loi de Bernoulli avec

$$P\{X = 0\} = P\{\varepsilon = 0\}.P\{Y = 0\} = ((1-p)e^p)\,.e^{-p} = 1 - p.$$

Donc $X \rightsquigarrow \mathcal{B}(p)$. On a

$$\{X \neq Y\} = \big(\{Y = 0\} \cap \{\varepsilon \neq 0\}\big) \cup \{Y \geq 2\}$$

et donc

$$\begin{aligned}P\{X \neq Y\} &= e^{-p}.(1-(1-p)e^p) + \sum_{k\geq 2} e^{-p}\frac{p^k}{k!} \\ &= e^{-p}.(1-(1-p)e^p) + 1 - e^{-p} - p\,e^{-p} \\ &= -p\,e^{-p} + p \\ &\leq p^2, \quad \text{car } e^{-p} \geq 1 - p.\end{aligned}$$

□

c) En s'inspirant de la question précédente, on considère pour $1 \leq i \leq n$, $Y_i \rightsquigarrow \mathcal{P}(p_i)$ et $\varepsilon_i \rightsquigarrow \mathcal{B}(1-(1-p_i)e^{p_i})$ avec de plus $Y_1, Y_2, \ldots, Y_n, \varepsilon_1, \ldots, \varepsilon_n$ indépendantes. On construit alors $X_i = 1 - \mathbb{1}_{\{\varepsilon_i = Y_i = 0\}}$. Il est alors clair que $X_i \rightsquigarrow \mathcal{B}(p_i)$ et que les X_i sont indépendantes.

On pose $S = \sum X_i$ et $Z = \sum Y_i$. La variable Z suit une loi de Poisson de paramètre $\sum p_i$.

De l'inclusion $\bigcap_i \{X_i = Y_i\} \subset \{S = Z\}$, on déduit $\{S \neq Z\} \subset \bigcup_i \{X_i \neq Y_i\}$ puis

$$\begin{aligned}P\{S \neq Z\} &\leq P\big(\cup_i \{X_i \neq Y_i\}\big) \\ &\leq \sum_i P\{X_i \neq Y_i\} \\ &\leq \sum_i p_i^2.\end{aligned}$$

D'où l'existence de Z vérifiant $\|P^S - P^Z\| \leq \sum p_i^2$. □

d) Lorsque $p_i = \lambda/n$, on a $S \rightsquigarrow \mathcal{B}(n, \lambda/n)$, $Z \rightsquigarrow \mathcal{P}(\lambda)$ et $\|P^S - P^Z\| \leq \frac{\lambda^2}{n}$. En particulier

$$\forall k \in \mathbb{N}, \quad \left| P\{S = k\} - e^{-\lambda} \frac{\lambda^k}{k!} \right| \leq \frac{\lambda^2}{n} \xrightarrow[n \to +\infty]{} 0. \qquad \square$$

VI

PROBABILITÉS ET ESPÉRANCES CONDITIONNELLES

Énoncés

VI.1 Soient X et Y des variables aléatoires indépendantes, de même loi, intégrables. Comparer les lois des couples $(X, X+Y)$ et $(Y, X+Y)$. En déduire que $E(X \mid X+Y) = E(Y \mid X+Y) = (X+Y)/2$.

VI.2 X_1 et X_2 étant les résultats indépendants de deux jets de dés, et S étant leur somme, quelle est la loi de X_1 sachant que S est paire ?

VI.3 Soit X une variable aléatoire réelle quelconque, et soit a une constante réelle. Déterminer la loi de X conditionnée par $X \wedge a$.

VI.4 Soit X une variable aléatoire à valeurs dans $\mathbb{N}$, telle que pour tous m, $n \in \mathbb{N}$,

$$P\{\, X \geq m+n \mid X \geq m \,\} = P\{\, X \geq n \,\}$$

(on dit que X est sans mémoire).

a) On pose $P\{\, X = 0 \,\} = a$. Déterminer la loi de X.

b) Soit Y une copie indépendante de X. Quelle est la loi de $S = X + Y$? Déterminer la loi conditionnelle de X sachant $S = p$, $p \in \mathbb{N}$. Interpréter le résultat.

VI.5 Soit $X = (X_n)_{n\in\mathbb{N}}$ une suite de variables aléatoires. Soit N une variable aléatoire à valeurs dans $\mathbb{N}$, indépendante de la suite X. Montrer que X_N est une variable aléatoire. Montrer que pour tout $k \in \mathbb{N}$, la loi de X_N sachant $N = k$ est la loi de X_k.

VI.6 Soient $X_1, \ldots, X_p$ des variables aléatoires indépendantes suivant des lois de Poisson de paramètres respectifs $\lambda_1, \ldots, \lambda_p$. Déterminer la loi conditionnelle du vecteur aléatoire $(X_1, \ldots, X_p)$ sachant que $\sum_{1\leq i\leq p} X_i = n$.

VI.7 Soient $X_1, \ldots, X_n$ des variables aléatoires indépendantes suivant chacune la loi $\mathcal{N}(0,1)$. Démontrer que la loi de X_1 sachant $S_n = \sum_{1\leq i\leq n} X_i$ est la loi $\mathcal{N}(S_n/n, 1 - 1/n)$.

VI.8 Soit X une variable aléatoire suivant une loi exponentielle de paramètre $\theta > 0$. Établir que

$$P\{\, X \geq t + s \mid X > t \,\} = P\{\, X > s \,\}, \quad s, t \geq 0\,.$$

Montrer que cette propriété caractérise la loi exponentielle parmi les lois à densité. Prouver que $\lim_{h\to 0} h^{-1} P\{\, t < X < t + h \mid X > t \,\} = \theta$ pour tout t.

VI.9 Soient X et Y deux variables aléatoires réelles indépendantes de loi $\mathcal{N}(0,1)$. On pose $X = R\cos\theta$ et $Y = R\sin\theta$.

a) Montrer que $X + Y$ et $X - Y$ sont indépendantes et en déduire la loi de R^2 sachant que $Y = X$.

Indication : on pourra écrire $R^2 = \frac{1}{2}((X+Y)^2 + (X-Y)^2)$.

b) Montrer que R et θ sont indépendantes et en déduire la loi de R^2 sachant que $\theta = \pi/4$ ou $5\pi/4$ (c'est-à-dire sachant que $Y = X$).

c) Pour montrer que les résultats ne sont pas contradictoires, préciser les sous-tribus de conditionnement dans les deux questions.

VI.10 On se donne une matrice carrée $\mathbb{P} = (P_{i,j})_{1\leq i,j\leq n}$. Déterminer à quelle condition sur $\mathbb{P}$ il existe des variables aléatoires X et Y à valeurs dans $\{\, 1, \ldots, n \,\}$ telles que

$$P_{i,j} = P\{\, Y = j \mid X = i \,\}, \qquad i, j = 1, \ldots, n\,.$$

On appellera une telle matrice, matrice de transition (voir chapitre VIII).

$\mathbb{P}$ étant une matrice de transition (loi conditionnelle de Y sachant X), on désigne par M le vecteur de $\mathbb{R}^n$ représentant la loi de X : $M_i = P\{X = i\}$, $i = 1, \ldots, n$. Démontrer que la loi de Y se représente par le vecteur ${}^t\mathbb{P}M$.

VI.11 Nous avons vu à l'exercice V.6.14 comment construire une suite infinie de variables aléatoires indépendantes sur l'espace probabilisé $([0,1], \mathcal{B}([0,1]), \lambda)$. À l'aide de l'exercice V.6.14, construire sur cet espace une suite de vecteurs aléatoires indépendants de loi P_i, $i \in \mathbb{N}$, données sur $\mathbb{R}^2$.

VI.12 Soit P une loi sur $\mathbb{R}^2$, de marges P^X et P^Y, et (X, Y) de loi P. Soit $F^{X|y}(x)$ la fonction de répartition de la loi conditionnelle $\mathcal{L}(X \mid Y = y)$. Soient U, V deux variables aléatoires indépendantes et de loi uniforme sur $[0,1]$. Montrer que le couple $(F^{Y\leftarrow}(U), F^{X|F^{Y\leftarrow}(U)}(V))$ est de loi P. Ceci donne un procédé de simulation d'un vecteur aléatoire.

VI.13 On reprend les notations de l'exercice IV.13. Montrer que

$$P\{S_{i+1,n} \geq s \mid X_{i,n} = x\} = \Big(1 - F(x+s)\Big)^{n-i}, \quad x \in \mathbb{R}, s \geq 0$$

et que

$$P\{S_{i+1,n} \geq s \mid X_{i+1,n} = x\} = \Big(F(x-s)\Big)^{i}, \quad x \in \mathbb{R}, s \geq 0.$$

VI.14 Soient $X_1, \ldots, X_n$ des variables aléatoires réelles, indépendantes et de même loi admettant une densité f. Soit $X_{1,n} \leq \cdots \leq X_{n,n}$ ces variables aléatoires ordonnées, et définissons les espacements $S_{i,n} = X_{i,n} - X_{i-1,n}$, $2 \leq i \leq n$, qui mesurent les distances entre les variables adjacentes (faire un dessin). Soit

$$L_n(x) = \frac{1}{n-1} \sum_{2 \leq i \leq n} \mathbb{1}_{[0,x]}(nS_{i,n})$$

la fonction de répartition empirique des espacements, laquelle compte la proportion d'espacements plus petits que x/n. Notons

$$L(x) = 1 - \int_{\mathbb{R}} f(z) e^{-xf(z)}\, dz.$$

Soit enfin $I_{i,n} = 1$, si aucune des variables $X_1, \ldots, X_n$ ne tombe dans l'intervalle $]X_i, X_i + x/n]$ et $I_{i,n} = 0$ sinon.

a) Montrer que le vecteur $(I_{1,n}, \ldots, I_{n,n})$ est échangeable, c'est-à-dire que sa loi est invariante par permutation des coordonnées (voir aussi exercice III.6.8).

b) Montrer que

$$\frac{n}{n-1} - L_n(x) = (n-1)^{-1} \sum_{1 \leq i \leq n} I_{i,n}.$$

c) Montrer que $I_{i,n}$ suit une loi de Bernoulli de paramètre

$$E\Big(\big(1 - F(X_1 + x/n) + F(X_1)\big)^{n-1}\Big).$$

d) Évaluer $P\{ I_{i,n} = 1 \,;\, I_{j,n} = 1 \}$.

e) Montrer que $\lim_{n\to\infty} E(L_n(x)) = L(x)$ et que $\lim_{n\to\infty} E(L_n(x)^2) = L(x)^2$.

Indication : penser au théorème de convergence dominée !

En déduire que $L_n(x)$ converge vers $L(x)$ en probabilité

f) En utilisant la continuité, la bornitude et la monotonie de L, montrer que

$$\lim_{n\to\infty} \sup_{x\in\mathbb{R}} |L_n(x) - L(x)| = 0 \qquad \text{en probabilité.}$$

(Pour n assez grand, ce résultat donne une idée sur la taille des écarts entre les points aléatoires adjacents $X_{1,n}, \ldots, X_{n,n}$.)

VI.15 La proposition III.2.7 nous donne une façon d'engendrer des variables aléatoires réelles, pourvu que la fonction de quantile soit facile à calculer. Ce n'est pas toujours le cas en pratique. Une méthode assez efficace est la méthode dite du rejet qui fonctionne comme suit. Soient f, g, deux densités sur $\mathbb{R}$. On souhaite simuler une variable de densité g, en supposant qu'on sache facilement simuler une variable de densité f, et qu'il existe une constante c telle que $g \leq cf$. Soit (X, U) un couple de variables aléatoires indépendantes, respectivement de lois de densité f et uniforme sur $[0,1]$.

a) Montrer que le couple $(X, cUf(X))$ est uniformément distribué sous le graphe de f

$$\underline{f} = \{ (x,y) \in \mathbb{R}^2 : 0 \leq y \leq c\, f(x) \} ;$$

c'est-à-dire qu'en notant λ la mesure de Lebesgue sur $\mathbb{R}^2$,

$$\forall A \in \mathcal{B}(\mathbb{R}^2), \quad P\{ (X, cUf(X)) \in A \} = \lambda(A \cap \underline{f}).$$

Indication : remarquer que

$$\int \mathbb{1}_A(x, cuf(x))f(x)\,du\,dx = \int \mathbb{1}_{A_x}(cuf(x))\,du f(x)\,dx$$

où A_x est la section de A selon x.

En déduire que $\mathcal{L}(X \mid cUf(X) \leq g(X))$ a pour densité g.

b) Soient (U_i, X_i) des couples indépendants, de même loi que (X, U). Soit $N_0 = 0$ et,

$$N_i = \min\{\, i \geq N_{i-1} : cU_i f(X_i) \leq g(X_i)\,\}, \qquad i \geq 1.$$

Montrer que $P\{\, N_1 = k\,\} = (1 - c^{-1})^{k-1}c^{-1}$ et que $E(N_1) = c$. Montrer que X_{N_i}, $i \geq 1$, est une suite de variables aléatoires indépendantes, de lois de densité g. Expliquer pourquoi en pratique il faut prendre c le plus petit possible.

VI.16 (Processus de Poisson)

a) On considère une famille de variables aléatoires $(X_1, \ldots, X_n)$, indépendantes et uniformément distribuées sur $[\,0, t\,]$. On note $X_{1,n} \leq \cdots \leq X_{n,n}$ la famille réarrangée dans l'ordre croissant. On dit alors que $(X_{1,n} \leq \cdots \leq X_{n,n})$ est une n-statistique d'ordre sur $[\,0, t\,]$. Donner la loi de $(X_{1,n} \leq \cdots \leq X_{n,n})$.

Indication : on pourra introduire les ensembles

$$A_\sigma = \{\, (X_{1,n} \leq \cdots \leq X_{n,n}) = (X_{\sigma(1)} \leq \cdots \leq X_{\sigma(n)})\,\}$$

pour toute permutation σ à n éléments.

b) Montrer que si $(X_{1,n} \leq \cdots \leq X_{n,n})$ est une n-statistique d'ordre sur $[\,0, t\,]$, alors la loi conditionnelle de $(X_{1,n} \leq \cdots \leq X_{n-1,n})$ sachant $\{\, X_{n,n} = x\,\}$ a la loi d'une $(n-1)$-statistique d'ordre sur $[\,0, x\,]$.

c) Supposons que $(X_{1,n} \leq \cdots \leq X_{n,n})$ est une n-statistique d'ordre sur $[\,0, t\,]$. Considérons des réels $0 = t_0 \leq t_1 \leq \cdots \leq t_p = t$ et des entiers $0 = k_0 \leq k_1 \leq \cdots \leq k_p = n$. Montrer que

$$P\{\, \forall j = 0, \ldots, p-1, \forall i = k_j + 1, \ldots, k_{j+1}, x_{i,n} \in]\,t_j, t_{j+1}\,]\,\} = \frac{n!}{t^n} \prod_{0 \leq j \leq p-1} \frac{(t_{j+1} - t_j)^{k_{j+1}-k_j}}{(k_{j+1} - k_j)!}\,.$$

Indication : on pourra utiliser a) et comparer le résultat cherché à une loi multinomiale.

d) On considère une suite de variables exponentielles de paramètre λ, indépendantes, $(T_k)_{k\geq 1}$, et on note $S_n = T_1 + \cdots + T_n$, $n \geq 1$. Calculer la loi de $(S_1, \ldots, S_n)$, puis la loi de S_n. Montrer que la loi conditionnelle de $(S_1, \ldots, S_n)$ sachant $S_{n+1} = s$ est la loi d'une n-statistique d'ordre sur $[\,0, s\,]$.

e) On pose $N_t = \sum_n \mathbb{1}_{[0,t]}(S_n)$. Montrer que la variable N_t est finie presque sûrement. En utilisant c) et d), montrer que, pour tous $0 = t_0 \leq t_1 \leq \cdots \leq t_n$, pour tous entiers $k_1, \ldots, k_n$, on a

$$P\{\, N_{t_1} = k_1, N_{t_2} - N_{t_1} = k_2 \ldots, N_{t_n} - N_{t_{n-1}} = k_n \,\}$$
$$= \prod_{1\leq i\leq n} \frac{\big(\lambda(t_i - t_{i-1})\big)^{k_i}}{k_i!} \exp\big(-\lambda(t_i - t_{i-1})\big)\,.$$

En déduire que les variables $N_{t_i} - N_{t_{i-1}}$ sont indépendantes et suivent des lois de Poisson de paramètre $\lambda(t_i - t_{i-1})$.

Solutions

VI.1 Les couples $(X, X+Y)$ et $(Y, X+Y)$ suivent la même loi. On peut le montrer en utilisant les fonctions caractéristiques. Notons φ la fonction caractéristique de X (et de Y). On a pour tout $(a,b) \in \mathbb{R}$

$$E(e^{i\langle(a,b),(X,X+Y)\rangle}) = E(e^{i((a+b)X+bY)}) = \varphi(a+b)\,\varphi(b) = E(e^{i\langle(a,b),(Y,X+Y)\rangle}).$$

On en déduit que $E(X \mid X+Y) = E(Y \mid X+Y)$. D'autre part $E(X+Y \mid X+Y) = X+Y = E(X \mid X+Y) + E(Y \mid X+Y)$, donc

$$E(X \mid X+Y) = E(Y \mid X+Y) = \frac{X+Y}{2}. \qquad \square$$

Remarque : le fait que $E(X \mid X+Y) = E(Y \mid X+Y)$ pourrait se justifier ainsi : toute variable aléatoire Z, $\sigma(X+Y)$-mesurable s'écrit sous la forme $f(X+Y)$. On a donc

$$E(XZ) = E(Xf(X+Y)) = E(Yf(X+Y)) = E(YZ).$$

La deuxième égalité étant justifiée par le fait que $(X, X+Y)$ et $(Y, X+Y)$ suivent la même loi.

VI.2 Les variables X_1 et X_2 sont indépendantes et

$$\forall i,j \in \{1,2,\ldots,6\},\ P\{X=i, Y=j\} = P\{X=i\}\,P\{Y=j\} = 1/36.$$

On a

$$P\{\,S \text{ est paire}\,\} = 1/2,$$

et

$$\forall i \in \{1,\ldots,6\},\ P\big\{X_1 = i \mid \{\,S \text{ est paire}\,\}\big\} = 1/6.$$

VI.3 On suppose ici que $0 < P\{X > a\} < 1$. Pour φ une fonction borélienne bornée, on écrit

$$\varphi(X) = \varphi(X)\mathbb{1}_{\{X\le a\}} + \varphi(X)\mathbb{1}_{\{X>a\}},$$

en remarquant que $\varphi(X)\mathbb{1}_{\{X\le a\}}$ est une fonction de $X \wedge a$, donc $\sigma(X\wedge a)$-mesurable. L'espérance conditionnelle donne

$$\begin{aligned} E\big(\varphi(X) \mid X\wedge a\big) &= \varphi(X)\mathbb{1}_{\{X\le a\}} + E\big(\varphi(X)\mathbb{1}_{\{X>a\}} \mid X\wedge a\big) \\ &= \varphi(X)\mathbb{1}_{\{X\le a\}} + \int_{\{X>a\}} \varphi(X)\,dP\,\mathbb{1}_{\{X>a\}} \\ &= \varphi(X)\mathbb{1}_{\{X\le a\}} + K\mathbb{1}_{\{X>a\}}, \end{aligned}$$

où K est une constante égale à $\int \varphi(X)\, dP(\omega \mid \{X > a\})$.
On en déduit que :

$$\mathcal{L}(X \mid X \wedge a = x) = \begin{cases} \delta_x & \text{si } x \leq a, \\ \mathcal{L}(X) \text{ sous } P\big(\,.\mid \{X > a\}\big) & \text{si } x > a. \end{cases}$$

VI.4

a) Quel que soit $m \in \mathbb{N}$, on a :

$$P\{X \geq m+1 \mid X \geq m\} = P\{X \geq 1\}.$$

C'est-à-dire

$$\forall m \in \mathbb{N},\ P\{X \geq m+1\} = P\{X \geq m\}P\{X \geq 1\} = (1-a)P\{X \geq m\}.$$

La suite $(P\{X \geq m\})_m$ est donc géométrique de raison $1-a$ et pour tout $m \in \mathbb{N}$, $P\{X \geq m\} = (1-a)^m$. On en déduit

$$P\{X = k\} = P\{X \geq k\} - P\{X \geq k+1\} = (1-a)^k\, a.$$

La variable X suit une loi géométrique de paramètre a.

b) Les deux variables X et Y étant indépendantes, on a pour tout $k \in \mathbb{N}$:

$$\begin{aligned} P\{S = k\} &= \sum_{i=0}^{k} P\{X = i\}P\{Y = k-i\} \\ &= \sum_{i=0}^{k} (1-a)^i a (1-a)^{k-i} = \sum_{i=0}^{k} a^2 (1-a)^k = (k+1)a(1-a)^k. \end{aligned}$$

On reconnaît la loi binomiale négative de paramètre $(2, a)$.

Quel que soit $0 \leq k \leq p$,

$$\begin{aligned} P\{X = k \mid S = p\} &= \frac{P\{X = k, S = p\}}{P\{S = p\}} \\ &= \frac{P\{X = k, Y = p-k\}}{P\{S = p\}} \\ &= \frac{P\{X = k\}P\{Y = p-k\}}{P\{S = p\}} = \frac{1}{p+1}. \end{aligned}$$

La variable S peut être interprétée comme étant le nombre d'échecs obtenus lors d'une suite d'épreuves de Bernoulli réalisées jusqu'à l'obtention de 2 succès. Le calcul précédent montre que, sachant que $\{S = p\}$, le nombre d'échecs obtenus jusqu'à l'obtention du premier succès suit une loi uniforme sur $\{1, 2, \ldots, p+1\}$.

VI.5 Pour tout borélien B, la partie

$$\{X_N \in B\} = \bigcup_{k\in\mathbb{N}} \{X_k \in B\} \cap \{N = k\}$$

est mesurable. D'autre part, pour tout $k \in \mathbb{N}$ et tout B borélien,

$$\begin{aligned} P\{X_N \in B \mid N = k\} &= \frac{P(\{X_N \in B\} \cap \{N = k\})}{P\{N = k\}} \\ &= \frac{P(\{X_k \in B\} \cap \{N = k\})}{P\{N = k\}} \\ &= \frac{P\{X_k \in B\}P\{N = k\}}{P\{N = k\}} = P\{X_k \in B\}. \end{aligned}$$

Donc la loi conditionnelle de X_N sachant $\{N = k\}$ est la loi de X_k. □

VI.6 La variable aléatoire $X_1 + \cdots + X_p$ suit une loi de Poisson de paramètre $\lambda_1 + \cdots + \lambda_p := \lambda$ (voir Exemple IV.2.4 (ii)) et pour tout $(i_1, \ldots, i_p)$ tels que $i_1 + \cdots + i_p = n$, on a

$$\begin{aligned} P\{(X_1, \ldots, X_p) = (i_1, \ldots, i_p) \mid \sum X_i = n\} &= \frac{P\{X_1 = i_1\} \ldots P\{X_p = i_p\}}{\frac{e^{-\lambda}\lambda^n}{n!}} \\ &= \frac{n!}{i_1! \ldots i_p!} \, \frac{\lambda_1^{i_1} \ldots \lambda_p^{i_p}}{\lambda^n}. \end{aligned}$$

On en déduit que la loi conditionnelle du vecteur $(X_1, \ldots, X_p)$ sachant $\sum_{1\le i\le p} X_i = n$ est la loi multinomiale $\mathcal{M}(n, \lambda_1/\lambda, \ldots, \lambda_p/\lambda)$.

VI.7 On considère le couple gaussien (X_1, S_n). On sait alors (voir VI.4.) que la loi conditionnelle de X_1 sachant $S_n = s$ est une loi gaussienne de moyenne $E(X_1 \mid S_n = s)$ et de variance $E((X_1 - E(X_1 \mid S_n))^2)$.
Il est clair que $E(X_1 \mid S_n) = E(X_i \mid S_n)$ quel que soit $1 \le i \le n$ (car (X_1, S_n) et (X_i, S_n) ont même loi) et que $E(S_n \mid S_n) = S_n = \sum_i E(X_i \mid S_n)$. On en déduit

$$E(X_1 \mid S_n = s) = \frac{s}{n}.$$

D'autre part

$$E((X_1 - E(X_1 \mid S_n))^2) = E\left(\left(X_1 - \frac{S_n}{n}\right)^2\right) = E\left(X_1^2 - 2\,X_1\,\frac{S_n}{n} + \frac{S_n^2}{n^2}\right).$$

De plus

$$E(X_1 S_n) = E(X_1^2) + \sum_{i\ge 2} E(X_1 X_i) = E(X_1^2) = 1 \quad \text{et} \quad E(S_n^2) = \mathrm{Var}(S_n) = n.$$

Par conséquent

$$E(X_1^2 - 2X_1 \frac{S_n}{n} + \frac{S_n^2}{n^2}) = E(X_1^2) - 2E(X_1 \frac{S_n}{n}) + E(\frac{S_n^2}{n^2}) = 1 - \frac{2}{n} + \frac{1}{n} = 1 - \frac{1}{n}.$$

Donc la loi de X_1 sachant $S_n = \sum_{1\leq i\leq n} X_i$ est la loi $\mathcal{N}(\frac{S_n}{n}, 1 - \frac{1}{n})$. □

VI.8 On note $F_X(t)$ la fonction de répartition de la variable X et $C_X(t) = 1 - F_X(t)$ (la *coda* de la variable X). Si X suit une loi exponentielle de paramètre θ, $C_X(t) = \exp(-\theta t)$ et pour tout $s, t \geq 0$:

$$P\{X \geq t + s \mid X > t\} = \frac{P\{X \geq t + s\}}{P\{X > t\}} = e^{-\theta s} = P\{X > s\}.$$

Réciproquement, si une variable aléatoire X admettant une densité vérifie :

$$P\{X \geq t + s \mid X > t\} = P\{X > s\}, \quad s, t \geq 0,$$

sa coda $C(t)$ est continue sur $\mathbb{R}$ et vérifie :

$$\forall s, t \geq 0, \; C(t + s) = C(t)C(s). \tag{VI.1}$$

En prenant $t = s = 0$ dans la relation (VI.1) on obtient $C(0) = 1$ et on en déduit que X est positive presque sûrement.
D'autre part, par un résultat classique d'analyse, toute fonction continue sur $\mathbb{R}^+$, vérifiant (VI.1) est de la forme $C(t) = \exp(-\theta t)$ (ici $\theta > 0$, car $0 \leq Q(t) \leq 1$). La variable X suit donc une loi exponentielle de paramètre θ.

□

Enfin

$$\frac{P\{t < X < t + h \mid X > t\}}{h} = \frac{e^{-\theta t} - e^{-\theta(t+h)}}{h\,e^{-\theta t}} = \frac{1 - e^{-\theta h}}{h} \xrightarrow[h\to 0]{} \theta.$$ □

VI.9

a) Le couple $(X+Y, X-Y)$ est un couple gaussien centré et $E((X+Y)(X-Y)) = E(X^2 - Y^2) = E(X^2) - E(Y^2) = 0$. Donc $X + Y$ et $X - Y$ sont indépendantes.

La variable $R^2 = \frac{1}{2}((X+Y)^2 + (X-Y)^2) := h(X+Y, X-Y)$ avec $X+Y$ et $X-Y$ indépendantes donc la loi conditionnelle de $R^2 = h(X+Y, X-Y)$ sachant $X - Y = 0$ est la loi de $h(X+Y, 0)$, (voir Exemple VI.3.5.(ii)) c'est-à-dire la loi de $\frac{1}{2}(X+Y)^2$.

On a $X + Y \rightsquigarrow \mathcal{N}(0, 2)$ et pour $t \geq 0$:

$$P\{\tfrac{1}{2}(X+Y)^2 \leq t\} = P\{-\sqrt{2t} \leq X + Y \leq \sqrt{2t}\} = 2F(\sqrt{2t})$$

avec F fonction de répartition de $\mathcal{N}(0,2)$. On en déduit que $\frac{1}{2}(X+Y)^2$ admet la densité

$$f(t) = \begin{cases} \frac{1}{\sqrt{2\pi t}} e^{-\frac{t}{2}} & \text{si } t > 0, \\ 0 & \text{si } t \leq 0. \end{cases}$$

b) On considère que θ prend ses valeurs dans $\in [0, 2\pi[$. On vérifie que pour tout $(t, \alpha) \in [0, 2\pi[\times \mathbb{R}_+^*$:

$$P\big(\{R \leq t\} \cap \{\theta \leq \alpha\}\big) = \frac{\alpha}{2\pi}(1 - e^{-\frac{t^2}{2}}) = P\{R \leq t\} P\{\theta \leq \alpha\}.$$

(Par un calcul élémentaire d'intégrale double.) On en déduit l'indépendance de R et de θ. □

La variable R^2 est alors indépendante de θ et la loi conditionnelle de R^2 sachant θ est donc la loi de R^2. Pour $t \geq 0$, on a $P\{R^2 \leq t\} = 1 - e^{-\frac{t}{2}}$. Ainsi R^2 suit la loi exponentielle de paramètre $1/2$.

c) La tribu $\sigma(X - Y)$ est distincte de $\sigma(\theta)$. Par exemple l'évènement $\{-1 < X - Y < 1\}$ n'appartient pas à $\sigma(\theta)$. Ceci justifie le fait que les deux lois conditionnelles calculées précédemment peuvent être différentes.

VI.10 Pour qu'une telle matrice à coefficients positifs soit une matrice, dite de *transition*, il faut et il suffit que pour tout $i = 1, \ldots, n$:

$$\sum_{j=1}^{n} P_{i,j} = 1.$$

CONDITION NÉCESSAIRE :

$$\sum_{j=1}^{n} \mathbb{1}_{\{Y=j\}} = 1,$$

donc pour tout i :

$$E\Big(\sum_{j=1}^{n} \mathbb{1}_{\{Y=j\}} \mid X = i\Big) = \sum_{j=1}^{n} E\big(\mathbb{1}_{\{Y=j\}} \mid X = i\big) = 1.$$

D'autre part, quel que soit j :

$$E\big(\mathbb{1}_{\{Y=j\}} \mid X = i\big) = P\{Y = j \mid X = i\} = P_{i,j},$$

d'où la condition nécessaire. □

CONDITION SUFFISANTE :

Toute matrice P satisfaisant à cette dernière condition fournit, avec la donnée d'une loi quelconque de X (avec $P\{X = i\} \neq 0$), la loi d'un couple (X, Y) qui admet alors cette matrice P comme matrice de transition. □

On a les égalités suivantes :

$$\begin{aligned} P\{Y = j\} &= E\big(\mathbb{1}_{\{Y=j\}}\big) \\ &= E\big(E(\mathbb{1}_{\{Y=j\}} \mid X)\big) \\ &= E\Big(\sum_{i=1}^{n} E(\mathbb{1}_{\{Y=j\}} \mid X = i)\mathbb{1}_{\{X=i\}}\Big) \\ &= E\Big(\sum_{i=1}^{n} P_{i,j}\mathbb{1}_{\{X=i\}}\Big) \\ &= \sum_{i=1}^{n} P_{i,j}\, P\{X = i\}. \end{aligned}$$ □

VI.11 (On pourra se référer à l'exercice VI.12.) Soit (X_i, Y_i) un couple aléatoire de loi donnée P_i. Soit $(U_n)_{n\geq 0}$ une suite de v.a. indépendantes de loi uniforme sur $[0, 1]$. La suite

$$\Big(F^{Y_i\leftarrow}(U_{2k}), F^{X_i|F^{Y_i\leftarrow}(U_{2k})\leftarrow}(U_{2k+1})\Big)_{k\geq 0}$$

est une suite de variables aléatoires à valeurs dans $\mathbb{R}^2$, indépendantes où chaque terme de la suite est de loi donnée P_k.

VI.12 La loi d'un couple à valeurs dans $\mathbb{R}^2$ est donnée par la valeur de $E\big(\varphi(X, Y)\big)$ pour toute fonction borélienne bornée φ définie sur $\mathbb{R}^2$. Or

$$E\big(\varphi(X, Y)\big) = E\big(E\big(\varphi(X, Y)\big) \mid Y\big)\big).$$

La connaissance de la loi de Y et de la loi conditionnelle $\mathcal{L}(X \mid Y = y)$ nous permet donc de connaître la loi du couple (X, Y).
Le couple $(F^{Y\leftarrow}(U), F^{X|F^{Y\leftarrow}(U)\leftarrow}(V))$ est de loi P.

VI.13 La densité du couple $(X_{i,n}, S_{i+1,n})$ est donnée par :

$$g(x, s) = i(n - i)\binom{n}{i} f(x)f(s + x)F^{i-1}(x)(1 - F(s + x))^{n-i-1}$$

(voir exercice IV.13).

Après avoir calculé la densité marginale de $X_{i,n}$, on obtient une expression de la densité conditionnelle de S_{i+1} sachant $X_{i,n} = x$ (voir **Exemple VI.3.5.(iii)**) :

$$
\begin{aligned}
s \longmapsto & \frac{i(n-i)\binom{n}{i} f(x) f(s+x) F^{i-1}(x)(1-F(s+x))^{n-i-1}}{i\binom{n}{i} f(x) F^{i-1}(x)} \\
& = f(x+s)(n-i)\big(1-F(x+s)\big)^{n-i-1}.
\end{aligned}
$$

On a

$$
\begin{aligned}
P\{S_{i+1,n} \geq s \mid X_{i,n} = x\} &= \int_s^{+\infty} f(x+t)(n-i)\big(1-F(x+t)\big)^{n-i-1}\,dt \\
&= \Big[\big(1-F(x+t)\big)^{n-i}\Big]_{+\infty}^{s} = \big(1-F(x+s)\big)^{n-i}. \square
\end{aligned}
$$

Pour montrer la deuxième relation, on pose $Y_i = -X_i$. La fonction de répartition de cette variable aléatoire est donnée par : $G(t) = 1 - F(-t)$. On définit les variables $Y_{1,n}, \ldots, Y_{n,n}$ à partir des v.a. Y_i et il est clair que les vecteurs

$$
(X_{1,n}, \ldots, X_{n,n}) \quad \text{et} \quad -(Y_{1,n}, \ldots, Y_{n,n})
$$

suivent la même loi. Enfin, on note $T_{i+1,n} = Y_{i+1,n} - Y_{i,n}$. On vérifie alors que $T_{i,n}$ suit la même loi que $S_{n+2-i,n}$. D'après le premier résultat établi, on a :

$$
P\{T_{i+1,n} \geq s \mid Y_{i,n} = y\} = \big(1-G(y+s)\big)^{n-i}.
$$

On a d'autre part la suite d'égalité suivante :

$$
\begin{aligned}
P\{T_{i+1,n} \geq s \mid Y_{i,n} = y\} &= P\{Y_{i+1,n} - Y_{i,n} \geq s \mid Y_{i,n} = y\} \\
&= P\{-X_{n-i,n} + X_{n+1-i,n} \geq s \mid -X_{n+1-i,n} = y\} \\
&= P\{X_{n+1-i,n} - X_{n-i,n} \geq s \mid X_{n+1-i,n} = -y\}.
\end{aligned}
$$

On pose $y = -x$, et on obtient :

$$
P\{X_{n+1-i,n} - X_{n-i,n} \geq s \mid X_{n+1-i,n} = x\} = \big(1-G(-x+s)\big)^{n-i} = \big(F(x-s)\big)^{n-i},
$$

puis en changeant i en $n-i$, l'identité voulue :

$$
P\{X_{i+1,n} - X_{i,n} \geq s \mid X_{i+1,n} = x\} = \big(F(x-s)\big)^{i}. \qquad \square
$$

VI.14

a) La variable $I_{1,n}$ est une fonction de $(X_1, \ldots, X_n)$, symétrique en les variables $X_2, \ldots, X_n$. On pose

$$
I_{1,1} = \varphi(\mathbf{X}) \quad \text{où } (\mathbf{X}) = (X_1, \ldots, X_n).
$$

Si $\mathbf{X}^i$ désigne le vecteur déduit de $\mathbf{X}$ en intervertissant les composantes X_1 et X_i, on a

$$I_{i,n} = \varphi(\mathbf{X}^i).$$

La loi du vecteur $(X_1, \ldots, X_n)$ étant invariante par permutations des variables X_i, le vecteur

$$(I_{1,1}, \ldots, I_{n,n}) = (\varphi(\mathbf{X}), \varphi(\mathbf{X}^2), \ldots, \varphi(\mathbf{X}^n))$$

est échangeable. □

b) La variable

$$\sum_{i=1}^{n}(1 - I_{i,n}) = n - \sum_{i=1}^{n-1} I_{i,n}$$

dénombre les espacements $S_{i,n}$ inférieurs à x/n. On obtient ainsi

$$L_n(x) = \frac{1}{n-1}\left(\sum_{i=1}^{n}(1 - I_{i,n})\right),$$

et on en déduit

$$\frac{n}{n-1} - L_n(x) = \frac{1}{n-1}\left(\sum_{i=1}^{n} I_{i,n}\right). \qquad \text{(VI.2)}$$

c) On note A_i l'évènement $\{I_{i,n} = 1\}$. On a $P(A_i) = P(A_1)$ et

$$P(A_1) = E(\mathbb{1}_{A_1}) = E\big(E(\mathbb{1}_{A_1} \mid X_1)\big).$$

Or $\mathcal{L}((X_2, \ldots, X_n) \mid X_1) = \mathcal{L}(X_2, \ldots, X_n)$, donc

$$E(\mathbb{1}_{A_1} \mid X_1) = \big(1 - F(X_1 + x/n) + F(X_1)\big)^{n-1}.$$

On en déduit

$$P(A_1) = E\Big(\big(1 - F(X_1 + x/n) + F(X_1)\big)^{n-1}\Big).$$ □

d) Le vecteur $(I_{1,1}, \ldots, I_{n,n})$ étant échangeable,

$$P\{I_{i,n} = 1\,; I_{j,n} = 1\} = P\{I_{1,n} = 1\,;\ I_{2,n} = 1\}.$$

On utilise ici un conditionnement par $\sigma(X_1, X_2)$, la tribu engendrée par X_1 et X_2.

$$P\{I_{1,n} = 1\,; I_{2,n} = 1\} = E(\mathbb{1}_{A_1}\mathbb{1}_{A_2}) = E\big(E(\mathbb{1}_{A_1}\mathbb{1}_{A_2} \mid \sigma(X_1, X_2))\big).$$

Les X_i étant indépendants, on a comme précédemment

$$\mathcal{L}((X_3,\ldots,X_n) \mid \sigma(X_1,X_2)) = \mathcal{L}(X_3,\ldots,X_n),$$

et donc :

$$E(\mathbb{1}_{A_1}\mathbb{1}_{A_2} \mid \sigma(X_1,X_2)) = \mathbb{1}_{\{X_2 \notin [X_1 - x/n, X_1 + x/n]\}} \times \\ \left(1 - (F(X_2 + x/n) - F(X_2) + F(X_1 + x/n) - F(X_1))\right)^{n-2}.$$

e) D'après les résultats précédents

$$E(L_n(x)) = \frac{n}{n-1} - \frac{1}{n-1}\left(\sum_{i=1}^{n} E(I_{i,n})\right) = \frac{n}{n-1} - \frac{n}{n-1}E(I_{1,n}).$$

D'autre part, on sait que pour toute fonction h continue sur $\mathbb{R}$ et pour tout $x \in \mathbb{R}$:

$$\int_x^{x+\varepsilon} h(t)\,dt \underset{\epsilon \to 0}{\sim} \varepsilon\, h(x)$$

car $x \mapsto \int_a^x h(t)\,dt$ est dérivable.

Pour une fonction $h \in \mathcal{L}^1(\mathbb{R})$, l'application $x \mapsto \int_a^x h(t)\,dt$ est dérivable sur $\mathbb{R}$ presque sûrement[(1)].

On en déduit que pour $h \in \mathcal{L}^1(\mathbb{R})$:

$$\int_x^{x+\varepsilon} h(t)\,dt \underset{\epsilon \to 0}{\sim} \varepsilon\, h(x) \quad \text{p.s. sur } \mathbb{R}$$

et donc pour toute variable X, absolument continue par rapport à la mesure de Lebesgue

$$\int_X^{X+\varepsilon} h(t)\,dt \underset{\epsilon \to 0}{\sim} \varepsilon\, h(X) \quad \text{p.s. sur } \Omega.$$

On en déduit le calcul :

$$\left(1 - F(X_1 + x/n) + F(X_1)\right)^{n-1} = \left(1 - \int_{X_1}^{X_1 + x/n} f(t)\,dt\right)^{n-1} \\ \underset{n}{\longrightarrow} \exp(-x f(X_1)) \quad \text{p.s. sur } \Omega.$$

D'autre part, en tant que probabilité,

$$\forall n, \quad \left(1 - F(X_1 + x/n) - F(X_1)\right)^{n-1} \leq 1,$$

(1) Voir par exemple « Analyse réelle et complexe », W. Rudin, DUNOD.

donc par convergence dominée,

$$E\big(1 - F(X_1 + x/n) - F(X_1)\big)^{n-1}\big) \underset{n}{\longrightarrow} E\big(\exp(-xf(X_1))\big).$$

Il s'ensuit :

$$E(L_n(x)) \underset{n}{\longrightarrow} 1 - \int_{\mathbb{R}} f(t)e^{-xf(t)}\, dt = L(x). \qquad \square$$

Partant de la relation (VI.2), on obtient l'expression de $L_n^2(x)$:

$$L_n^2(x) = \frac{n^2}{(n-1)^2} + \frac{1-2n}{(n-1)^2}\sum_1^n I_{i,n} + \frac{2}{(n-1)^2}\sum_{i<j} I_{i,n}I_{j,n}.$$

On prend l'espérance de chacun des termes, en remarquant que par la question a), $E(I_{i,n}I_{j,n})$ ne dépend pas du couple (i,j) :

$$E\big(L_n^2(x)\big) = \frac{n^2}{(n-1)^2} + \frac{1-2n}{(n-1)^2}E\left(\sum_1^n I_{i,n}\right) + \frac{n^2-n}{(n-1)^2}E\big(I_{1,n}I_{2,n}\big). \tag{VI.3}$$

D'après les calculs précédents :

$$E\left(\sum I_{i,n}\right) = n - (n-1)E\big(L_n(x)\big) \underset{n}{\sim} n\big(1 - L(x)\big).$$

D'autre part, **presque sûrement sur Ω**,

$$\begin{aligned}
&\big(1 - F(X_2 + x/n) + F(X_2) - F(X_1 + x/n) + F(X_1))\big)^{n-2} \\
&= \left(1 - \frac{x}{n}f(X_1) - \frac{x}{n}f(X_2) + \circ\left(\frac{1}{n}\right)\right)^{n-2} \\
&= \exp\left(-(n-2)\frac{x}{n}\left(f(X_1) + f(X_2) + \circ\left(\frac{1}{n}\right)\right)\right) \\
&\underset{n}{\longrightarrow} \exp(-xf(X_1) - xf(X_2)),
\end{aligned}$$

et à nouveau par convergence dominée, on obtient :

$$\begin{aligned}
E\big(I_{1,n}I_{2,n}\big) &\underset{n}{\longrightarrow} E\big(\exp(-xf(X_1) - xf(X_2))\big) \\
&= E\big(\exp(-xf(X_1)\big)E\big(\exp(-xf(X_2)\big) \quad \text{car } X_1,\ X_2 \text{ indépendants} \\
&= \big(1 - L(x)\big)^2.
\end{aligned}$$

On passe à la limite dans (VI.3) :

$$E\big(L_n^2(x)\big) \underset{n}{\longrightarrow} 1 - 2(1 - L(x)) + \big(1 - L(x)\big)^2 = L(x)^2. \qquad \square$$

La variable $L_n(x)$ a une espérance qui tend vers $L(x)$ et une variance qui tend vers zéro car :

$$V\big(L_n(x)\big) = E\big(L_n^2(x)\big) - E^2\big(L_n(x)\big) \underset{n}{\rightarrow} 0.$$

On déduit de ceci que $L_n(x)$ tend vers $L(x)$ en probabilité :

Soit ε strictement positif, puis N tel que

$$\forall n \geq N, \ \big|E\big(L_n(x)\big) - L(x)\big| \leq \varepsilon/2.$$

De l'inégalité

$$\big|L_n(x) - L(x)\big| \leq \big|L_n(x) - E\big(L_n(x)\big)\big| + \big|E\big(L_n(x)\big) - L(x)\big|,$$

on obtient

$$\forall n \geq N, \ \{\big|L_n(x) - L(x)\big| \geq \varepsilon\} \subset \{\big|L_n(x) - E\big(L_n(x)\big)\big| \geq \varepsilon/2\},$$

puis

$$\begin{aligned} P\{\big|L_n(x) - L(x)\big| \geq \varepsilon\} &\leq P\{\big|L_n(x) - E\big(L_n(x)\big)\big| \geq \varepsilon/2\} \\ &\leq 4\frac{V\big(L_n(x)\big)}{\varepsilon^2} \underset{n}{\rightarrow} 0. \end{aligned}$$

D'où le résultat. □

f) La fonction L est clairement croissante et vérifie

$$\forall x \in [0, +\infty[, \ 0 \leq L(x) \leq 1.$$

Par convergence dominée, $L(x)$ tend vers 1 quand x tend vers $+\infty$ et L est continue sur $[0, +\infty[$ par les théorèmes classiques sur les fonctions définies par une intégrale(2).

Soit $\varepsilon > 0$ et $n \in \mathbb{N}$ tel que $1/n \leq \varepsilon/4$. On considère alors les $k+1$ réels $0 = x_0 < x_1 < \ldots < x_k$ réels vérifiant $\forall i, 0 \leq L(x_{i+1}) - L(x_i) \leq \varepsilon/4$. On a pour $x_i \leq x \leq x_{i+1}$:

$$|L_n(x) - L(x)| \leq |L_n(x) - L_n(x_i)| + \underbrace{|L_n(x_i) - L(x_i)|}_{(\alpha)} + \underbrace{|L(x_i) - L(x)|}_{(\beta)},$$

(2) Voir par exemple « Calcul Intégral », J. Faraut, EDP Sciences.

et d'autre part, la fonction $x \mapsto L_n(x)$ étant croissante :

$$|L_n(x) - L_n(x_i)| \leq \underbrace{|L_n(x_{i+1}) - L_n(x_i)|}_{(\gamma)}.$$

On note E_n la partie de Ω sur laquelle

$$(\alpha) \leq \varepsilon/3 \quad ,(\gamma) \leq \varepsilon/3.$$

On a

$$P(E_n) \to 1 \quad \text{et} \quad E_n \subset \{|L_n(x) - L(x)| \leq \varepsilon\}.$$

D'où le résultat. □

VI.15

a) On pose $Y = cf(X)U$, μ la loi du couple (X, Y) et dans la suite on notera respectivement λ_1 et λ_2 la mesure de Lebesgue dans $\mathbb{R}$ et $\mathbb{R}^2$.

Il est clair que le couple (X, Y) prend ses valeurs dans $\{(x, y),\ 0 \leq y \leq cf(x)\} = \underline{f}$. D'autre part, la loi conditionnelle $\mathcal{L}(Y \mid X = x)$ est la loi de $cf(x)U$ (voir Exemples VI.3.5 (ii)) c'est-à-dire la loi uniforme sur $[0, cf(x)]$. On a donc pour tout borélien A de $\mathcal{B}(\mathbb{R}^2)$:

$$\begin{aligned}\mu(A) &= \int \mathbb{1}_A(x, y)\, d\mu(x, y) = \int \frac{\lambda_1(A_x)}{cf(x)} f(x)\, dx \\ &= \int \frac{\lambda_1(A_x)}{c}\, dx = \frac{\lambda_2(A \cap \underline{f})}{c} = \frac{\lambda_2(A \cap \underline{f})}{\lambda_2(\underline{f})}.\end{aligned}$$

Et pour tout A, borélien de $\mathbb{R}$:

$$\begin{aligned}P\{X \in A \mid Y \leq g(X)\} &= \frac{P(\{X \in A\} \cap \{Y \leq g(X)\})}{P\{Y \leq g(X)\}} \\ &= \frac{\int_A g(t)\, dt\, /c}{\int_{\mathbb{R}} g(t)\, dt\, /c} = \int_A g(t)\, dt.\end{aligned}$$

On en déduit donc que $\mathcal{L}(X \mid cUf(X) \leq g(X))$ a pour densité g. □

b) Remarquons que $P\{cUf(X) < g(X)\} = P\{Y < g(X)\} = (c-1)c^{-1} = (1 - c^{-1})$ et que pour tout $k \geq 1$,

$$\{N_1 = k\} = \left(\bigcap_{i=1}^{k-1} \{cU_i f(X_i) > g(X_i)\}\right) \bigcap \{cU_k f(X_k) \leq g(X_k)\}.$$

Ces différents « facteurs » étant des évènements indépendants, on en déduit

$$P\{N_1 = k\} = (1 - c^{-1})^{k-1} c^{-1}.$$

La variable N_1 suit donc une loi géométrique de paramètre c^{-1} et son espérance vaut donc c. Pour tout B, borélien de $\mathbb{R}$;

$$\begin{aligned}
P\{X_{N_1} \in B\} &= \sum_{k\in\mathbb{N}^*} P\big(\{X_{N_1} \in B\} \cap \{N_1 = k\}\big) \\
&= \sum_{k\in\mathbb{N}^*} P\big(\{X_k \in B\} \cap \{N_1 = k\}\big) \\
&= \sum_{k\in\mathbb{N}^*} P\big(\{Y_1 > g(X_1)\} \cap \cdots \cap \{Y_k \leq g(X_k)\} \cap \{X_k \in B\}\big) \\
&= \sum_{k\in\mathbb{N}^*} \left(\frac{1}{c}\right)^{k-1} \left(1 - \frac{1}{c}\right) P\{X_k \in B \mid Y_k \leq g(X_k)\} \\
&= P\{X \in B \mid Y \leq g(X)\} = \int_B g(t)\,dt.
\end{aligned}$$

La variable X_{N_1} admet donc g pour densité. □

On a pu ainsi simuler une variable admettant g pour densité. Cette simulation s'appuie sur les simulations des variables X_i et U_i et des « tirages » indépendants. Une valeur X_{N_1} sera obtenue d'autant plus rapidement, en moyenne, que c est plus petite.

Soit B un borélien de $\mathbb{R}$, utilisant la variable N_1 presque sûrement finie, on a :

$$P\{X_{N_2} \in B\} = \sum_{k\geq 1} P\big(\{X_{N_2} \in B\} \cap \{N_1 = k\}\big),$$

et un calcul analogue au précédent montre que

$$P\big(\{X_{N_2} \in B\} \cap \{N_1 = k\}\big) = P\{N_1 = k\} \int_B g(t)\,dt.$$

Ainsi $P\{X_{N_2} \in B\} = \int_B g(t)\,dt$ et X_{N_2} admet aussi g pour densité. On montrerait de même que quel que soit k, la variable X_{N_k} admet g pour densité.

On note $\mathcal{F}_n$ la tribu engendrée par $X_1, \ldots, X_n, U_1, \ldots, U_n$. Pour prouver que, par exemple, que les variables X_{N_1} et X_{N_2} sont indépendantes, on peut remarquer que pour toute fonction φ, borélienne bornée,

$$E(\varphi(X_{N_2})\mathbb{1}_{\{N_1=k\}} \mid \mathcal{F}_k) = \int \varphi(t)g(t)\,dt \cdot \mathbb{1}_{\{N_1=k\}}.$$

Si ψ est une autre fonction borélienne bornée, on a :

$$\begin{aligned}
E(\psi(X_{N_1})\,\varphi(X_{N_2})) &= \sum_k E(\mathbb{1}_{N_1=k}\,\psi(X_{N_1})\,\varphi(X_{N_2}))\\
&= \sum_k E\big(E(\mathbb{1}_{N_1=k}\,\psi(X_{N_1})\,\varphi(X_{N_2}) \mid \mathcal{F}_k\big)\\
&= \sum_k E\big(E(\mathbb{1}_{N_1=k}\,\psi(X_k)\,\varphi(X_{N_2}) \mid \mathcal{F}_k\big)\\
&= \sum_k E\big(\psi(X_k)E(\mathbb{1}_{N_1=k}\,\varphi(X_{N_2}) \mid \mathcal{F}_k\big)\\
&= \sum_k E\big(\psi(X_k)\int \varphi(t)g(t)\,dt\,\mathbb{1}_{N_1=k}\big)\\
&= \int \varphi(t)g(t)\,dt\,E(X_{N_1})\\
&= E(\psi(X_{N_1}))E(\varphi(X_{N_2})).
\end{aligned}$$

D'où l'indépendance de X_{N_1} et X_{N_2}. □

VI.16

a) Le vecteur $(X_{1,n},\dots,X_{n,n})$ prend ses valeurs dans $\Delta_n(t)\subset\mathbb{R}^n$ où

$$\Delta_n(t)=\{(x_1,\dots,x_n), 0\le x_1\le\cdots\le x_n\le t\},$$

et pour tout pavé $\mathcal{P}=\prod[a_i,b_i]\subset\Delta_n(t)$

$$\{(X_{1,n},\dots,X_{n,n})\in\mathcal{P}\}=\bigcup_\sigma\{(X_{\sigma(1)},\dots,X_{\sigma(n)})\in\mathcal{P}\}$$

où σ parcourt toutes les permutations de $\{1,2,\dots,n\}$. D'où

$$P\{(X_{1,n},\dots,X_{n,n})\in\mathcal{P}\}=n!\,\frac{\prod_i(b_i-a_i)}{t^n}.$$

On en déduit que $(X_{1,n},\dots,X_{n,n})$ admet la densité

$$(x_1,\dots,x_n)\mapsto f_n(x_1,\dots,x_n)=\begin{cases}\frac{n!}{t^n} & \text{si } (x_1,\dots,x_n)\in\Delta_n(t),\\ 0 & \text{sinon.}\end{cases}$$

Le vecteur $(X_{1,n},\dots,X_{n,n})$ suit donc la loi uniforme sur $\Delta_n(t)$.

b) La loi conditionnelle $\mathcal{L}((X_{1,n},\dots,X_{n-1,n})\mid X_{n,n}=x)$ admet la densité :

$$(x_1,\dots,x_{n-1})\mapsto\frac{f_n(x_1,\dots,x_{n-1},x)}{\int\cdots\int f_n(x_1,\dots,x_{n-1},x)\,dx_1\cdots dx_{n-1}},$$

(voir Exemple 3.5.(iii))

et du calcul précédent on peut déduire que, pour $0 \leq x \leq t$:

$$\begin{aligned} \int f_n(x_1, \dots, x_{n-1}, x)\, dx_1 \cdots dx_{n-1} &= \frac{n!}{t^n} \int_{\Delta_{n-1}(x)} dx_1 \cdots dx_{n-1} \\ &= \frac{n!}{t^n} \frac{x^{n-1}}{(n-1)!}. \end{aligned}$$

Donc la loi conditionnelle $\mathcal{L}((X_{1,n}, \dots, X_{n-1,n}) \mid X_{n,n} = x)$ admet la densité :

$$(x_1, \dots, x_{n-1}) \mapsto \begin{cases} \frac{(n-1)!}{x^{n-1}} & \text{si } 0 \leq x_1 \leq \ldots \leq x_{n-1} \leq x, \\ 0 & \text{sinon.} \end{cases} \qquad \square$$

c) L'évènement considéré peut se définir de la façon suivante :

$$\{ \text{Parmi les composantes de } (X_1, \dots, X_n),\ k_1 \text{ sont dans } [0, t_1], \\ k_2 - k_1 \text{ dans }]t_1, t_2], \dots,\ k_p - k_{p-1} \text{ sont dans }]t_{p-1}, t_p] \}.$$

On reconnaît le cadre standart donnant lieu à une loi multinomiale, (tirages avec remise de n boules dans une urne contenant des boules de p couleurs différentes $\mathcal{C}_i$ en proportion $\frac{t_i - t_{i-1}}{t}$). Par conséquent :

$$\begin{aligned} &P\{ \forall j = 0, \dots, p-1, \forall i = k_j + 1, \dots, k_{j+1}, X_{i,n} \in]\, t_j, t_{j+1}\,] \} \\ &\qquad = \frac{n!}{t^n} \prod_{0 \leq j \leq p-1} \frac{(t_{j+1} - t_j)^{k_{j+1} - k_j}}{(k_{j+1} - k_j)!}. \qquad \square \end{aligned}$$

d) On va montrer par récurrence sur n que la loi de $(S_1, \dots, S_n)$ admet la densité

$$(s_1, \dots, s_n) \mapsto \begin{cases} \lambda^n \exp(-\lambda s_n) & \text{si } 0 \leq s_1 \leq \ldots \leq s_n, \\ 0 & \text{sinon.} \end{cases}$$

Le résultat est clair pour $n = 1$. Pour φ une fonction borélienne bornée sur $\Delta_n := \{(s_1, \dots, s_n), 0 \leq s_1 \leq \ldots \leq s_n\}$, on a :

$$E(\varphi(S_1, \dots, S_{n-1}, S_n)) = E\big(E(\varphi(S_1, \dots, S_{n-1}, S_{n-1} + X) \mid X)\big)$$

où la variable aléatoire X est indépendante des S_i et suit une loi exponentielle de paramètre λ. La loi conditionnelle $\mathcal{L}(\varphi(S_1, \dots, S_{n-1}, S_{n-1} + X) \mid X = x)$ est la loi de $\varphi(S_1, \dots, S_{n-1}, S_{n-1} + x)$ (voir Exemple 3.5.(ii)).

En utilisant l'hypothèse de récurrence

$$E(\varphi(S_1,\dots,S_{n-1},S_n)) = E\big(E(\varphi(S_1,\dots,S_{n-1},S_{n-1}+X) \mid X)\big)$$

$$= \int \left(\int_{\Delta_{n-1}} \varphi(s_1,\dots,s_{n-1},s_{n-1}+x)\,\lambda^{n-1}e^{-\lambda s_{n-1}}\,ds_1\cdots ds_{n-1} \right)$$

$$\times\, \lambda e^{-\lambda x}\,dx$$

$$= \int \varphi(s_1,\dots,s_{n-1},s_{n-1}+x)\,\lambda^n e^{-\lambda(s_{n-1}-x)}\,ds_1\cdots ds_{n-1}dx$$

$$= \int_{\{0\le s_1\le\dots\le s_n\}} \varphi(s_1,\dots,s_{n-1},s_n)\,\lambda^n e^{-\lambda s_n}\,ds_1\cdots ds_n. \qquad \square$$

La loi de S_n est la $n^{\rm e}$ loi marginale du vecteur $(S_1,\dots,S_n)$. Elle admet donc sur $\mathbb{R}^+$ la densité :

$$s_n \mapsto \lambda^n e^{-\lambda s_n} \int_{\Delta_{n-1}(s_n)} ds_1\cdots ds_{n-1} = \frac{\lambda^n e^{-\lambda s_n}\, s_n^{n-1}}{(n-1)!}.$$

On en déduit (voir à nouveau Exemple 3.5.(iii)) que la loi conditionnelle $\mathcal{L}((S_1,\dots,S_n) \mid S_{n+1}=s)$ admet la densité :

$$(s_1,\dots,s_n) \mapsto \frac{\lambda^{n+1}e^{-\lambda s}}{\frac{\lambda^{n+1}e^{-\lambda s}\, s^n}{n!}} = \frac{n!}{s^n}. \qquad \square$$

e) La suite d'évènements $\big(\{S_n \le t\}\big)_n$ est décroissante et

$$\{N_t = \infty\} = \bigcap_n \{S_n \le t\},$$

donc

$$P\{N_t=\infty\} = \lim_n P\{S_n \le t\} = \lim_n \int_0^t \frac{\lambda^n e^{-\lambda s}\, s^{n-1}}{(n-1)!}\,ds.$$

Or

$$\int_0^t \frac{\lambda^n e^{-\lambda s}\, s^{n-1}}{(n-1)!}\,ds \le \frac{\lambda^{n-1}t^{n-1}}{(n-1)!}\int_0^t \lambda e^{-\lambda s}\,ds \le \frac{\lambda^{n-1}t^{n-1}}{(n-1)!} \xrightarrow[n]{} 0.$$

Ainsi $P\{N_t=\infty\}=0$ et N_t est finie presque sûrement. $\square$

On pose $N=\sum_{i=1}^n k_i$ et A l'évènement

$$A = \big\{\, N_{t_1}=k_1, N_{t_2}-N_{t_1}=k_2\dots, N_{t_n}-N_{t_{n-1}}=k_n \,\big\}.$$

On conditionne par la variable S_N et on peut supposer, sans perdre de généralité, que $k_n \ge 1$ (quitte à « descendre » jusqu'au premier i, tel que

$k_i \geq 1$). Par les résultats obtenus précédemment, on obtient :

$$E(\mathbb{1}_A \mid S_N) = \mathbb{1}_{\{t_{n-1} < S_N \leq t_n\}} \frac{(N-1)!}{k_1! \dots (k_n-1)!} \frac{t_1^{k_1}(t_2-t_1)^{k_2} \dots (S_N - t_{n-1})^{k_n-1}}{S_N^{N-1}} \times \lambda e^{-\lambda(t_n - S_N)}.$$

D'où le calcul :

$$\begin{aligned} P(A) &= E(E(\mathbb{1}_A \mid S_N)) \\ &= \frac{t_1^{k_1} \cdots (t_{n-1}-t_{n-2})^{k_{n-1}}}{k_1! \cdots (k_{n-1})\,(k_n-1)!} \int_{t_{n-1}}^{t_n} (s - t_{n-1})^{k_n-1} \lambda^N e^{-\lambda t_n}\, ds \\ &= \frac{t_1^{k_1} \dots (t_{n-1}-t_{n-2})^{k_{n-1}} (t_n - t_{n-1})^{k_n}}{k_1! \dots (k_{n-1})\,(k_n)!} \lambda^N e^{-\lambda t_n} \\ &= \prod_{1 \leq i \leq n} \frac{(\lambda(t_i - t_{i-1}))^{k_i}}{k_i!} e^{-\lambda(t_i - t_{i-1})}. \end{aligned}$$

Remarque : on a utilisé la densité de la variable S_N dans la deuxième égalité et on a posé $t_0 = 0$ dans la dernière.

Pour obtenir la loi $N_{t_i} - N_{t_{i-1}}$, il suffit de sommer sur le pavé $\{(k_1, \dots, k_{i-1}) \in \mathbb{N}^{i-1}\}$:

$$\begin{aligned} P\{N_{t_i} - N_{t_{i-1}} = k_i\} &= \sum_{k_1, k_2, \dots, k_{i-1}} \prod_{1 \leq j \leq i} \frac{(\lambda(t_j - t_{j-1}))^{k_j}}{k_j!} e^{-\lambda(t_j - t_{j-1})} \\ &= \frac{(\lambda(t_i - t_{i-1}))^{k_i}}{k_i!} e^{-\lambda(t_i - t_{i-1})} \prod_{1 \leq j \leq i-1} \sum_{k_j \geq 0} \frac{(\lambda(t_j - t_{j-1}))^{k_j}}{k_j!} \\ &\quad \times e^{-\lambda(t_j - t_{j-1})} \\ &= \frac{(\lambda(t_i - t_{i-1}))^{k_i}}{k_i!} e^{-\lambda(t_i - t_{i-1})}. \qquad \square \end{aligned}$$

On en déduit que $N_{t_i} - N_{t_{i-1}}$ suit une loi de Poisson de paramètre $\lambda(t_i - t_{i-1})$ puis, via la loi du vecteur $(N_{t_1}, \dots, N_{t_n} - N_{t_{n-1}})$, que les variables $N_{t_i} - N_{t_{i-1}}$ sont indépendantes. $\square$

VII

MARTINGALES (À TEMPS DISCRET)

Énoncés

VII.1 Soit $(X_n)_{n\geq 1}$ une suite de variables aléatoires indépendantes, de même loi de Bernoulli $P\{X_n = 0\} = P\{X_n = 2\} = 1/2$. Pour tout $n \geq 1$, on désigne par $\mathcal{F}_n$ la tribu engendrée par $X_1, \ldots, X_n$, et l'on pose $Z_n = \prod_{1\leq k\leq n} X_k$. Démontrer que $(Z_n)_{n\geq 1}$ est une martingale par rapport à la filtration $(\mathcal{F}_n)_{n\geq 1}$ qui n'est pas uniformément intégrable.

VII.2 Soient $c_1, \ldots, c_k$ des réels tels que $\sum_{1\leq i\leq k} c_i = 0$. Soit π une permutation aléatoire de $\{1, 2, \ldots, k\}$ uniformément répartie sur le groupe des permutations de k éléments, c'est-à-dire telle que pour toute permutation τ de k éléments, $P\{\pi = \tau\} = 1/k!$. Soit

$$X_n = \frac{k}{k-n} \sum_{1\leq i\leq n} c_{\pi(i)}$$

et soit la suite de tribus $\mathcal{F}_n = \sigma(\pi(1), \ldots, \pi(n))$, $1 \leq n \leq k$. Montrer que $(X_n, \mathcal{F}_n)_{1\leq n\leq k}$ est une martingale.

Indication : montrer que

$$X_n - X_{n-1} = \frac{k}{k-n}\Big(c_{\pi(n)} - \frac{1}{k-n+1} \sum_{n\leq i\leq k} c_{\pi(i)}\Big).$$

Puis montrer que pour tout $n \leq i \leq k$, $\mathcal{L}(\pi(i) \mid \pi(1), \ldots, \pi(n-1))$ est la loi uniforme sur $\{1, 2, \ldots, k\} \setminus \{\pi(1), \ldots, \pi(n-1)\}$.

VII.3 (Urne de Polya) Une urne contient n boules noires et b boules blanches. Une boule est tirée au hasard, selon une probabilité uniforme sur les boules dans l'urne. Elle est remise dans l'urne, et on ajoute aussi a boules de la couleur tirée. On itère cette procédure de tirage-ajout. Soit $X_0 = n/(n+b)$ la proportion de boules noires initialement dans l'urne, et soit X_k la proportion de boules noires à la k-ième étape du tirage-ajout. Montrer que X_k est une martingale, pour la suite de tribus $\mathcal{F}_k = \sigma(X_1, \ldots, X_k)$. Montrer que cette martingale converge, et donc que la proportion de boules noires converge vers une proportion a priori aléatoire Y.
Note : on peut montrer, mais cela demande un peu de calcul, que Y a pour loi une loi de densité

$$\frac{\Gamma\big(\frac{n+b}{a}\big)}{\Gamma\big(\frac{n}{a}\big)\Gamma\big(\frac{b}{a}\big)}(1-x)^{\frac{n}{a}-1}x^{\frac{b}{a}-1}, \qquad 0 < x < 1$$

(voir par exemple Feller (1971)).

VII.4 (Lemme de Wald.) Soit $(X_n)_{n\geq 1}$ une suite de variables aléatoires indépendantes, de même loi, et soit, pour tout $n \geq 1$, $S_n = X_1 + \cdots + X_n$. Soit en outre T un temps d'arrêt intégrable relatif à la filtration engendrée par cette suite. Démontrer que $E(S_T) = E(X_1)E(T)$.

VII.5 Sur $(\Omega, \mathcal{A}, P)$, soit $(X_n)_{n\geq 1}$ une suite de variables aléatoires réelles indépendantes, de même loi. Pour tout $n \geq 1$, soit $\mathcal{F}_n$ la tribu engendrée par $X_1, \ldots, X_n$. On note les sommes partielles $S_n = X_1 + \cdots + X_n$, $n \geq 1$. On convient que $S_0 = 0$ et, pour tout $x \in \mathbb{R}$, on désigne par E^x l'espérance définie par $E^x(\cdot) = E(\cdot + x)$. On parle alors de la marche aléatoire S_n partant de x au temps 0.

a) Soit $N \geq 1$ un entier fixé et soit T un temps d'arrêt à valeurs dans $\{1, \ldots, N\}$ de la filtration $(\mathcal{F}_n)_{1\leq n\leq N}$. Démontrer que, pour tout $n \geq 1$, $S_{n+T} - S_T$ est indépendant de $\mathcal{F}_T$ et de même loi que S_n.

b) Déduire de la question précédente que pour toute fonction borélienne bornée ϕ sur $\mathbb{R}$, et tout $n \geq 1$,

$$E\big(\phi(S_{n+T}) \mid \mathcal{F}_T\big) = E^{S_T}\big(\phi(S_n)\big) \quad \text{p.s.}$$

VII.6 Soit $(X_n, \mathcal{F}_n)_{1\leq n\leq k}$ une martingale de carré intégrable. On définit $X^* = \max_{1\leq n\leq k} |X_n|$. En utilisant l'inégalité maximale de Doob, démontrer que

$$E\big((X^*)^2\big) \leq 4E(X_k^2)\,.$$

VII.7 Sur un espace probabilisé $(\Omega, \mathcal{F}, P)$, soit $(M_n)_{1\leq n\leq k}$ une martingale par rapport à une filtration $(\mathcal{F}_n)_{1\leq n\leq k}$ et soit $(H_n)_{1\leq n\leq k}$ une famille de variables aléatoires sur $(\Omega, \mathcal{F}, P)$ telles que H_n soit mesurable par rapport à $\mathcal{F}_{n-1}$, pour tout $n = 1, \ldots, k$ (avec la convention $\mathcal{F}_0 = \{\emptyset, \Omega\}$).

Soit $a > 0$; on définit $T = \min\{1 \leq n \leq k-1 : |H_{n+1}| > a\}$ et $T = k$ si l'ensemble dont on prend le minimum est vide. Démontrer que T est un temps d'arrêt de la filtration $(\mathcal{F}_n)_{1\leq n\leq k}$. On pose, pour tout $n = 1, \ldots, k$,

$$X_n = \sum_{1\leq i\leq T\wedge n} H_i(M_i - M_{i-1}).$$

$(M_{-1} = 0)$. Démontrer que $(X_n)_{1\leq n\leq k}$ est une martingale de $(\mathcal{F}_n)_{1\leq n\leq k}$.

VII.8 On considère une variable aléatoire T à valeurs dans $\mathbb{N}$, de loi géométrique

$$P\{T = n\} = a(1+a)^{-n-1}, \qquad n \in \mathbb{N},$$

où a est un réel positif donné. On appelle $\mathcal{F}_n$ la plus petite tribu rendant mesurable la variable $T\wedge n$, $n \in \mathbb{N}$. Vérifier que la famille de tribus $(\mathcal{F}_n)_{n\in\mathbb{N}}$ est une filtration. Démontrer que $\mathcal{F}_n$ est engendrée par une partition de $n+1$ atomes que l'on précisera.

a) Démontrer que, pour tout n,

$$E\big(\mathbb{1}_{\{T\geq n+1\}} \mid \mathcal{F}_n\big) = (1+a)^{-1}\mathbb{1}_{\{T\geq n\}}.$$

b) Déduire de la question précédente que

$$E\big(T\wedge(n+1) \mid \mathcal{F}_n\big) = T\wedge n + (1+a)^{-1}\mathbb{1}_{\{T\geq n\}}.$$

c) Pour quelle valeur du paramètre réel α le processus

$$X_n = \alpha(T\wedge n) + \mathbb{1}_{\{T\geq n\}}, \quad n \in \mathbb{N},$$

est-il une martingale par rapport à la filtration $(\mathcal{F}_n)_{n\in\mathbb{N}}$?

d) En prenant pour α la valeur trouvée à la question c), calculer l'espérance conditionnelle $E((X_{n+1} - X_n)^2 \mid \mathcal{F}_n)$. En déduire que le processus

$$X_n^2 - a(T\wedge(n-1)), \qquad n \geq 1,$$

est une martingale par rapport à la filtration $(\mathcal{F}_n)_{n\in\mathbb{N}}$.

VII.9 Soient $X_1, \ldots, X_n$ des variables aléatoires indépendantes sur $(\Omega, \mathcal{A}, P)$, à valeurs dans $\mathbb{R}^d$; on considère une norme quelconque $\|\cdot\|$ sur $\mathbb{R}^d$, et on suppose que $E(\|X_i\|^2) < \infty$ pour tout $i = 1, \ldots, n$. Posons $S_n = X_1 + \cdots + X_n$.

Désignons par $\mathcal{A}_i$, $1 \leq i \leq n$, la sous-tribu de $\mathcal{A}$ engendrée par les variables $X_1, \ldots, X_i$ et par $\mathcal{A}_0$ la tribu triviale composée de $\emptyset$ et Ω. Pour tout $i = 1, \ldots, n$, posons

$$d_i = E\big(\|S_n\| \mid \mathcal{A}_i\big) - E\big(\|S_n\| \mid \mathcal{A}_{i-1}\big).$$

a) Établir que

$$\|S_n\| - E\big(\|S_n\|\big) = \sum_{1 \leq i \leq n} d_i .$$

Démontrer que pour tous $i < j$, $E(d_j \mid \mathcal{A}_i) = 0$, et que les variables d_i, $i = 1, \ldots, n$, sont orthogonales.

b) Démontrer que pour tout $i = 1, \ldots, n$,

$$E\big(\|S_n - X_i\| \mid \mathcal{A}_i\big) = E\big(\|S_n - X_i\| \mid \mathcal{A}_{i-1}\big).$$

Indication : on pourra utiliser le fait que si X est une variable aléatoire intégrable sur $(\Omega, \mathcal{A}, P)$, et $\mathcal{T}_1$, $\mathcal{T}_2$ sont deux sous-tribus de $\mathcal{A}$ telles que $\mathcal{T}_2$ est indépendante de la tribu engendrée par $\mathcal{T}_1$ et X, alors $E(X \mid \mathcal{T}_1) = E(X \mid \mathcal{T})$ où $\mathcal{T}$ est la tribu engendrée par $\mathcal{T}_1$ et $\mathcal{T}_2$.

En déduire que

$$d_i = E\big(\|S_n\| - \|S_n - X_i\| \mid \mathcal{A}_i\big) - E\big(\|S_n\| - \|S_n - X_i\| \mid \mathcal{A}_{i-1}\big).$$

c) Par l'inégalité du triangle et la question précédente, établir que

$$E(d_i^2 \mid \mathcal{A}_{i-1}) \leq E\big(\|X_i\|^2\big), \qquad i = 1, \ldots, n.$$

En conclure, à l'aide de la première question, que

$$\mathrm{Var}\big(\|S_n\|\big) \leq \sum_{1 \leq i \leq n} E\big(\|X_i\|^2\big).$$

VII.10 Soit A_k^n, $k = 1, \ldots, 2^{n-1}$, $n \geq 1$, la famille des intervalles dyadiques de l'intervalle $[0,1]$ muni de la mesure de Lebesgue λ. Si P est une mesure de probabilité sur $[0,1]$ absolument continue par rapport à λ, poser

$$X_n = \sum_{1 \leq k \leq 2^{n-1}} \frac{P(A_k^n)}{\lambda(A_k^n)} \mathbb{1}_{A_k^n}, \quad n \geq 1.$$

Démontrer que, sur $([0,1],\lambda)$, $(X_n)_{n\geq 1}$ est une martingale par rapport à la suite de tribus $\mathcal{F}_n = \sigma(A_k^n, 1 \leq k \leq 2^{n-1})$, $n \geq 1$. Démontrer par l'absurde qu'elle est uniformément intégrable et en conclure l'existence de la densité de Radon-Nikodym de P par rapport à λ.

Solutions

VII.1 Le calcul $E(Z_{n+1} \mid \mathcal{F}_n)$ donne

$$E(Z_{n+1} \mid \mathcal{F}_n) = E(X_1 \cdots X_n X_{n+1} \mid \mathcal{F}_n) = X_1 \cdots X_n E(X_{n+1} \mid \mathcal{F}_n),$$

car $X_1, \ldots, X_n$ sont $\mathcal{F}_n$-mesurables. Puis

$$E(Z_{n+1} \mid \mathcal{F}_n) = X_1 \cdots X_n E(X_{n+1}),$$

car X_{n+1} et $\mathcal{F}_n$ sont indépendants et enfin

$$E(Z_{n+1} \mid \mathcal{F}_n) = X_1 \cdots X_n = Z_n.$$

Donc (Z_n) est bien une martingale par rapport à la filtration $\mathcal{F}_n$. D'autre part Z_n prend les deux valeurs 0 et 2^n avec $P\{Z_n = 2^n\} = \frac{1}{2^n}$ et $P\{Z_n = 0\} = 1 - \frac{1}{2^n}$ et donc quel que soit $c > 0$, partir d'un certain rang, on a

$$\int_{\{|Z_n|>c\}} |Z_n| \, dP = 2^n P\{Z_n = 2^n\} = 1.$$

On conclut que $(Z_n)_{n \geq 1}$ est une martingale L^1 (car $E(|Z_n|) = 1$), non uniformément intégrable (voir Définition V.3.3).

Remarque : en vertu du théorème VII.2.1, la martingale (Z_n) converge presque sûrement. Ici (Z_n) converge vers 0 sur l'évènement $\overline{\cap\{X_i = 2\}}$ de probabilité 1.

VII.2 *On pourra auparavant s'intéresser à l'exercice III.6.*

Précisons que la suite (X_n) est définie pour $1 \leq n \leq k-1$ et observons qu'un atome de la tribu $\mathcal{F}_n$ est constitué des permutations qui coïncident sur $\{1, \ldots, n\}$. Il devient alors clair que X_n est $\mathcal{F}_n$-mesurable. D'autre part

$$\begin{aligned}
X_n - X_{n-1} &= \frac{k}{k-n} \sum_{i=1}^{n} c_{\pi(i)} - \frac{k}{k-n+1} \sum_{i=1}^{n-1} c_{\pi(i)} \\
&= \frac{k}{k-n} c_{\pi(n)} + \sum_{i=1}^{n-1} c_{\pi(i)} \left(\frac{k}{k-n} - \frac{k}{k-n+1} \right) \\
&= \frac{k}{k-n} c_{\pi(n)} - \frac{k}{(k-n)(k-n+1)} \sum_{i=n}^{k} c_{\pi(i)}\,, \quad \text{car } \textstyle\sum_{i=1}^{k} c_i = 0 \\
&= \frac{k}{k-n} \left(c_{\pi(n)} - \frac{1}{k-n+1} \sum_{i=n}^{k} c_{\pi(i)} \right). \qquad \text{(VII.1)}
\end{aligned}$$

Pour tout $n \leq i \leq k$ et $1 \leq l \leq k$, l'espérance conditionnelle $E(\mathbb{1}_{\{\pi(i)=l\}} \mid \mathcal{F}_{n-1})$ est constante sur les atomes de $\mathcal{F}_{n-1}$ et plus précisément sur $\{\pi(1) = i_1, \ldots, \pi(n-1) = i_{n-1}\}$:

$$\begin{aligned} E(\mathbb{1}_{\{\pi(i)=l\}} \mid \mathcal{F}_{n-1}) &= P\left\{\mathbb{1}_{\{\pi(i)=l\}} | \{\pi(1) = i_1, \ldots, \pi(n-1) = i_{n-1}\}\right\} \\ &= \frac{P\{\pi(1) = i_1, \ldots, \pi(n-1) = i_{n-1}, \pi(i) = l\}}{P\{\pi(1) = i_1, \ldots, \pi(n-1) = i_{n-1}\}} \\ &= \frac{(k-n)!}{k!} \frac{k!}{(k-n+1)!} = \frac{1}{k-n+1}. \end{aligned}$$

La loi conditionnelle $\mathcal{L}(\pi(i) \mid \pi(1), \ldots \pi(n-1))$ est donc la loi uniforme sur $\{1, \ldots, k\} \setminus \{\pi(1), \ldots, \pi(n-1)\}$. Ainsi sur $\{\pi(1) = i_1, \ldots, \pi(n-1) = i_{n-1}\}$ et pour $n \leq i \leq k$, on a :

$$E(c_{\pi(i)} \mid \mathcal{F}_{n-1}) = \frac{1}{k-n+1} \sum_{j \notin \{i_1, \ldots, i_{n-1}\}} c_{\pi(j)}$$

que l'on notera $f(i_1, \ldots, i_{n-1})$. Et toujours sur $\{\pi(1) = i_1, \ldots, \pi(n-1) = i_{n-1}\}$, en utilisant l'identité (VII.1)

$$\begin{aligned} E(X_n - X_{n-1} \mid \mathcal{F}_{n-1}) &= \frac{k}{k-n} \left(f(i_1, \ldots, i_{n-1}) - \frac{1}{k-n+1} \sum_{i=n}^{k} f(i_1, \ldots, i_{n-1}) \right) \\ &= \frac{k}{k-n} (f(i_1, \ldots, i_{n-1}) - f(i_1, \ldots, i_{n-1})) = 0. \end{aligned}$$

Ainsi la suite $(X_n, \mathcal{F}_n)_{1 \leq n \leq k-1}$ est bien une martingale. □

VII.3 Pour calculer $E(X_{k+1} \mid \mathcal{F}_k)$ il suffit de remarquer que

$$\mathcal{L}\left(X_{k+1} \mid X_k = \frac{p}{p+q}\right) = \frac{p}{p+q} \delta_{\{\frac{p+a}{p+q+a}\}} + \frac{q}{p+q} \delta_{\{\frac{p}{p+q+a}\}},$$

et donc

$$E\left(X_{k+1} \mid X_k = \frac{p}{p+q}\right) = \frac{p}{p+q} \frac{p+a}{p+q+a} + \frac{q}{p+q} \frac{p}{p+q+a} = \frac{p}{p+q}.$$

On a alors

$$E(X_{k+1} \mid X_k) = E(X_{k+1} \mid \mathcal{F}_k) = X_k.$$

La suite $(X_k, \mathcal{F}_k)$ est bien une martingale. D'autre part, quel que soit k, on a $|X_k| \leq 1$, donc pour tout k, $E(|X_k|) \leq 1$. La suite (X_k) est donc une martingale L^1 qui converge presque sûrement. □

VII.4 On se restreint dans un premier temps au cas où les variables X_i sont positives. La suite $(S_n, \mathcal{F}_n)_{n\geq 1}$ où $\mathcal{F}_n = \sigma(X_1, \dots, X_n)$ est alors une sous-martingale. Le processus croissant associé à la sous-martingale est

$$\sum_{k=1}^{n} E(S_k - S_{k-1} \mid \mathcal{F}_{k-1}) = \sum_{k=1}^{n} E(X_k \mid \mathcal{F}_{k-1}) = \sum_{k=1}^{n} E(X_k) = n\,E(X_1),$$

en posant $S_0 = 0$.

On en déduit que $S'_n := S_n - nE(X_1)$ est une martingale. D'après le théorème d'arrêt de Doob (voir Théorème VII.1.12), la suite (finie) $S'_1, S'_{T\wedge n}, S'_n$ est une martingale et donc

$$E(S'_{T\wedge n}) = E(S'_n) = 0.$$

Or $S'_{T\wedge n} = S_{T\wedge n} - (T\wedge n)E(X_1)$, on a alors

$$E(S_{T\wedge n} - (T\wedge n)E(X_1)) = 0 = E(S_{T\wedge n}) - E(T\wedge n)E(X_1). \qquad \text{(VII.2)}$$

Et par convergence monotone,

$$E(T\wedge n) \to E(T) \quad \text{et} \quad E(S_{T\wedge n}) \to E(S_T).$$

On déduit alors de (VII.2) que S_T est intégrable et que $E(S_T) = E(T)E(X_1)$.

Dans le cas général où les X_i ne sont pas nécessairement positives, (VII.2) est encore valable mais l'argument de convergence monotone pour justifier que $E(S_{T\wedge n})$ converge vers $E(S_T)$ et que S_T est intégrable n'est plus valable ici. En revanche on a toujours $S_{T\wedge n}$ convergente vers S_T presque sûrement et de plus

$$|S_{T\wedge n}| \leq \sum_{1\leq i\leq (T\wedge n)} |X_i| \leq \sum_{1\leq i\leq T} |X_i|.$$

Cette dernière variable aléatoire étant intégrable (voir premier cas), on conclut par convergence dominée :

$$E(S_T) = E(T)E(X_1). \qquad \square$$

VII.5

a) Pour montrer que $S_{n+T} - S_T$ est indépendant de $\mathcal{F}_T$, on montre que

$$\forall f \text{ borélienne bornée, } E(f(S_{T+n} - S_T) \mid \mathcal{F}_T) = \text{constante}.$$

Pour $A \in \mathcal{F}_T$, on a

$$\begin{aligned}
&\int_A f(X_{T+1} + \cdots + X_{T+n})\, dP \\
&\qquad = \sum_{k=1}^{N} \int_{A\cap\{T=k\}} f(X_{k+1} + \cdots + X_{k+n})\, dP \\
&\qquad = \sum_{k=1}^{N} E(f(X_{k+1} + \cdots + X_{k+n})) \cdot P(A \cap \{T = k\}) \\
&\qquad = E(f(X_1 + \cdots + X_n))P(A).
\end{aligned}$$

Donc quel que soit f,

$$E(f(S_{T+n} - S_T) \mid \mathcal{F}_T) = E(f(X_1 + \cdots + X_n)). \qquad \square$$

Montrons maintenant que $X_{T+1} + \cdots + X_{T+n}$ et S_n ont même loi. Pour tout borélien B on a

$$\{X_{T+1} + \cdots + X_{T+n} \in B\} = \bigcup_{k=1}^{N} (\{X_{T+1} + \cdots + X_{T+n} \in B\} \cap \{T = k\}).$$

Donc

$$\begin{aligned}
&P\{X_{T+1} + \cdots + X_{T+n} \in B\} \\
&\qquad = \sum_{k=1}^{N} P\left(\{X_{k+1} + \cdots + X_{k+n} \in B\} \cap \{T = k\}\right) \\
&\qquad = P\{X_1 + \cdots + X_n \in B\} \sum_{k=1}^{N} P\{T = k\} \\
&\qquad = P\{X_1 + \cdots + X_n \in B\}.
\end{aligned}$$

Donc $X_{T+1} + \cdots + X_{T+n}$ et $X_1 + \cdots + X_n$ ont même loi. $\square$

b) Soit Z une variable aléatoire bornée $\mathcal{F}_T$-mesurable, quelconque. Par le théorème de transport (voir Théorème III.4.2) et en utilisant a)

$$\begin{aligned}
E(Z\,\phi(S_{n+T})) &= E(Z\,\phi(S_{n+T} - S_T + S_T)) \\
&= \iint z\,\phi(x + y)\, dQ(x)\, dR(y, z).
\end{aligned}$$

où Q et R désignent respectivement les lois de $S_{n+T} - S_T$ (c'est-à-dire celle de S_n) et du couple (S_T, Z). D'autre part si on pose

$H(u) = E^u(\phi(S_n)) = \int \phi(u+x)\,dQ(x)$, on obtient par le théorème de Fubini (voir Théorème II.5.1) :

$$E(Z\,\phi(S_{n+T})) = \int z\,H(y)\,dR(y,z) = E(Z\,H(S_T)).$$

On en déduit que $E(\phi(S_{n+T}) \mid \mathcal{F}_T) = H(S_T) = E^{S_T}(\phi(S_n))$. □

VII.6 D'après la Proposition III.4.8, on a

$$E((X^*)^2) = 2\int_0^{+\infty} t\,P\{X^* > t\}\,dt = 2\int_0^{+\infty} t\,E(\mathbb{1}_{\{X^*>t\}})\,dt. \qquad \text{(VII.3)}$$

Or par les inégalités maximales (voir Théorème VII.1.13) appliqué à la sous-martingale $(|X_n|)$, on a

$$t\,E(\mathbb{1}_{\{X^*\geq t\}}) = t\,P\{X^* > t\} \leq t\,P\{X^* \geq t\} \leq E(|X_k|\,\mathbb{1}_{\{X^*\geq t\}}).$$

Injectant cette dernière majoration dans (VII.3), on obtient

$$\begin{aligned}
E((X^*)^2) &\leq 2\int_0^{+\infty} E(|X_k|\,\mathbb{1}_{\{X^*\geq t\}})\,dt \\
&= 2E(\int_0^{+\infty} |X_k|\,\mathbb{1}_{\{X^*\geq t\}}\,dt), \text{ par le théorème de Fubini} \\
&= 2E(\int_0^{X^*} |X_k|\,dt = 2E(X^*\,|X_k|) \\
&\leq 2(E(X^*)^2)^{1/2}\,(E|X_k|^2)^{1/2}, \text{ par l'inégalité de Cauchy-Schwarz.}
\end{aligned}$$

On en déduit alors

$$E((X^*)^2) \leq 4E(X_k^2).$$ □

VII.7 Le fait que T soit un temps d'arrêt vient de

$$\{T \leq n\} = \bigcup_{i=1}^{n}\{|H_{i+1}| > a\} \in \mathcal{F}_n \quad \text{et} \quad \{T \leq k\} = \Omega.$$

D'autre part en partant de l'identité

$$X_n = X_n\left(\sum_{i=1}^{n-1} \mathbb{1}_{\{T=i\}}\right) + X_n\,\mathbb{1}_{\{T\geq n\}},$$

on montre facilement que X_n est $\mathcal{F}_n$-mesurable. De plus quel que soit n, $X_n \in \mathcal{L}^1$ car

$$\begin{aligned}|X_n| = \left|\sum_{i=1}^{T\wedge n} H_i(M_i - M_{i-1})\right| &\leq \sum_{i=1}^{T\wedge n} a|M_i - M_{i-1}| \\ &\leq \sum_{i=1}^{k} a|M_i - M_{i-1}| \in \mathcal{L}^1.\end{aligned}$$

Enfin en écrivant

$$X_n = X_n \mathbb{1}_{\{T\leq n-1\}} + X_n \mathbb{1}_{\{T\geq n\}},$$

on obtient

$$X_n = X_{n-1} \mathbb{1}_{\{T\leq n-1\}} + (X_{n-1} + H_n(M_n - M_{n-1})) \mathbb{1}_{\{T\geq n\}}.$$

En remarquant, de plus, que $\{T \leq n-1\}$ et $\{T \geq n\}$ sont dans $\mathcal{F}_{n-1}$ et que H_n est $\mathcal{F}_{n-1}$-mesurable, on obtient :

$$\begin{aligned}E(X_n \mid \mathcal{F}_{n-1}) &= \mathbb{1}_{\{T\leq n-1\}}E(X_{n-1} \mid \mathcal{F}_{n-1}) + \mathbb{1}_{\{T\geq n\}}E(X_{n-1} \mid \mathcal{F}_{n-1}) \\ &\quad + H_n \mathbb{1}_{\{T\geq n\}}E((M_n - M_{n-1}) \mid \mathcal{F}_{n-1}) \\ &= X_{n-1} + H_n \mathbb{1}_{\{T\geq n\}}E((M_n - M_{n-1}) \mid \mathcal{F}_{n-1}) \\ &= X_{n-1}, \text{ car } M_n \text{ est une martingale par rapport à } (\mathcal{F}_n)_n. \quad \square\end{aligned}$$

VII.8 On suppose que $P(T = k) = pq^k$ où $p \in]0,1[$ et $q = 1 - p$.
La tribu $\mathcal{F}_n$ est engendrée par $n+1$ atomes qui forment un système complet et qui sont $\{T = i\}$ pour $0 \leq i \leq n-1$ et $\{T \geq n\}$. Il est alors clair que $(\mathcal{F}_n)_{n\in\mathbb{N}}$ est une filtration.

a) On calcule $E(\mathbb{1}_{\{T\geq n+1\}} \mid \mathcal{F}_n)$ directement à l'aide de la définition :

$$\begin{aligned}E(\mathbb{1}_{\{T\geq n+1\}} \mid \mathcal{F}_n) &= \sum_{i=0}^{n-1} \frac{1}{P\{T=i\}} \int_{\{T=i\}} \mathbb{1}_{\{T\geq n+1\}}\, dP\, \mathbb{1}_{\{T=i\}} \\ &\quad + \frac{1}{P\{T\geq n\}} \int_{\{T\geq n\}} \mathbb{1}_{\{T\geq n+1\}}\, dP\, \mathbb{1}_{\{T\geq n\}} \\ &= \frac{P\{T \geq n+1\}}{P\{T \geq n\}} \mathbb{1}_{\{T\geq n\}} = q\, \mathbb{1}_{\{T\geq n\}}. \quad \square\end{aligned}$$

b) On écrit $T \wedge (n+1) = (T \wedge n)\, \mathbb{1}_{\{T \leq n\}} + (n+1)\, \mathbb{1}_{\{T \geq n+1\}}$. On a alors

$$\begin{aligned} E(T \wedge (n+1) \mid \mathcal{F}_n) &= (T \wedge n)\, E(\mathbb{1}_{\{T \leq n\}} \mid \mathcal{F}_n) + (n+1)\, q\, \mathbb{1}_{\{T \geq n\}} \\ &= (T \wedge n)\, \big(1 - E(\mathbb{1}_{\{T \geq (n+1)\}} \mid \mathcal{F}_n)\big) \\ &\quad + (n+1)\, q\, \mathbb{1}_{\{T \geq n\}} \\ &= (T \wedge n) - ((T \wedge n) - (n+1)\, q)\ \mathbb{1}_{\{T \geq n\}} \\ &= (T \wedge n) + q\, \mathbb{1}_{\{T \geq n\}}. \end{aligned}$$

□

c) À l'aide des calculs précédents, on obtient

$$\begin{aligned} E(X_{n+1} \mid \mathcal{F}_n) &= \alpha\, E(T \wedge (n+1) \mid \mathcal{F}_n) + E(\mathbb{1}_{T \geq n+1} \mid \mathcal{F}_n) \\ &= \alpha\, (T \wedge n) + q\, (\alpha + 1)\, \mathbb{1}_{\{T \geq n\}}. \end{aligned}$$

Pour que le processus (X_n) soit une martingale relativement à la filtration $\mathcal{F}_n$, il suffit que $q\, (\alpha + 1) = 1$, c'est-à-dire que $\alpha = \frac{p}{q}$.

d) On remarque que

$$X_{n+1} - X_n = \alpha\, \mathbb{1}_{\{T \geq n+1\}} - \mathbb{1}_{\{T = n\}},$$

et donc

$$\begin{aligned} (X_{n+1} - X_n)^2 &= \alpha^2\, \mathbb{1}_{\{T \geq n+1\}} + \mathbb{1}_{\{T = n\}} \\ &= \alpha^2\, \mathbb{1}_{\{T \geq n+1\}} + \mathbb{1}_{\{T \geq n\}} - \mathbb{1}_{\{T \geq n+1\}}. \end{aligned}$$

Il s'ensuit que

$$\begin{aligned} E((X_{n+1} - X_n)^2 \mid \mathcal{F}_n) &= \alpha^2 q\, \mathbb{1}_{\{T \geq n\}} + \mathbb{1}_{\{T \geq n\}} - q\, \mathbb{1}_{\{T \geq n\}} \\ &= (\alpha^2 q + p)\, \mathbb{1}_{\{T \geq n\}} = \alpha\, \mathbb{1}_{\{T \geq n\}} \end{aligned}$$

car $\alpha^2 q + p = \alpha$. On montre alors

$$E(X_{n+1}^2 - \alpha(T \wedge n) \mid \mathcal{F}_n) = X_n^2 - \alpha(T \wedge (n-1)).$$

Et en utilisant

$$\begin{aligned} E\left((X_{n+1} - X_n)^2 \mid \mathcal{F}_n\right) &= E(X_{n+1}^2 \mid \mathcal{F}_n) - 2X_n E(X_{n+1} \mid \mathcal{F}_n) + X_n^2 \\ &= E(X_{n+1}^2 \mid \mathcal{F}_n) - X_n^2 = \alpha\, \mathbb{1}_{\{T \geq n\}}, \end{aligned}$$

il suffit de vérifier que

$$\alpha\, \mathbb{1}_{\{T \geq n\}} - \alpha\, (T \wedge n) = -\alpha\, (T \wedge (n-1)),$$

ce qui ne présente pas de difficulté. □

VII.9

a) La somme $\sum d_i$ est une somme téléscopique. On a

$$\sum_{1\leq i\leq n} d_i = E(\|S_n\| \mid \mathcal{A}_n) - E(\|S_n\| \mid \mathcal{A}_0) = \|S_n\| - E(\|S_n\|). \qquad \square$$

Pour $i < j$, on a $E\left((\|S_n\| \mid \mathcal{A}_j) \mid \mathcal{A}_i\right) = E(\|S_n\| \mid \mathcal{A}_i)$. On en déduit que pour $i < j, E(d_j \mid \mathcal{A}_i) = 0$. $\square$

De la même façon pour $i < j$, on a

$$E(d_i d_j \mid \mathcal{A}_i) = d_i\, E(d_j \mid \mathcal{A}_i) = 0.$$

Donc $E(d_i d_j) = 0$ et les variables d_i sont orthogonales. $\square$

b) En suivant l'indication, on pose $\mathcal{T}_1 = \mathcal{A}_{i-1}$ et $\mathcal{T}_2 = \sigma(X_i)$. On a alors $\mathcal{T} = \sigma(\mathcal{T}_2, \mathcal{T}_1) = \mathcal{A}_i$ et $\mathcal{T}_2$ est indépendante de $\sigma(X_1, \ldots, \check{X}_i, \ldots, X_n) \supset \sigma(\mathcal{T}_1, \|S_n - X_i\|)$. On a alors

$$E(\|S_n - X_i\| \mid \mathcal{A}_{i-1}) = E(\|S_n - X_i\| \mid \mathcal{A}_i). \qquad \square$$

L'identité

$$d_i = E(\|S_n\| - \|S_n - X_i\| \mid \mathcal{A}_i) - E(\|S_n\| - \|S_n - X_i\| \mid \mathcal{A}_{i-1})$$

s'en déduit directement par linéarité. $\square$

c) On pose

$$Y = E(\|S_n\| - \|S_n - X_i\| \mid \mathcal{A}_i) \text{ et } Z = E(\|S_n\| - \|S_n - X_i\| \mid \mathcal{A}_{i-1}).$$

En remarquant que $E(Y \mid \mathcal{A}_{i-1}) = Z$, on obtient :

$$\begin{aligned} E\left(d_i^2 \mid \mathcal{A}_{i-1}\right) &= E\left((Y - Z)^2 \mid \mathcal{A}_{i-1}\right) = E\left(Y^2 \mid \mathcal{A}_{i-1}\right) - Z^2 \\ &\leq E\left(Y^2 \mid \mathcal{A}_{i-1}\right) \\ &\leq E\left((\|S_n\| - \|S_n - X_i\|)^2 \mid \mathcal{A}_{i-1}\right). \end{aligned}$$

La dernière inégalité découle de l'inégalité de Jensen :

$$Y^2 \leq E\left((\|S_n\| - \|S_n - X_i\|)^2 | \mathcal{A}_i\right).$$

Remarquant que

$$\|S_n\| - \|S_n - X_i\| \leq \|X_i\| \quad \text{par l'inégalité triangulaire,}$$

on obtient

$$E\left(d_i^2 \mid \mathcal{A}_{i-1}\right) \leq E\left(\|X_i\|^2 | \mathcal{A}_{i-1}\right) = E\left(\|X_i\|^2\right).$$

Enfin :

$$\begin{aligned}
\operatorname{Var}(\|S_n\|) &= E\left(\|S_n\| - E\|S_n\|\right)^2 \\
&= E\left(\left(\sum_{1\le i\le n} d_i\right)^2\right) \quad \text{d'après a)} \\
&= \sum_{1\le i\le n} E(d_i^2) \quad \text{car } E(d_i d_j) = 0 \\
&\le \sum_{1\le i\le n} E(\|X_i\|^2).
\end{aligned}$$

□

VII.10 Il est clair que X_n est $\mathcal{F}_n$-mesurable. La tribu $\mathcal{F}_n$ étant engendrée par le système complet A_k^n, $k = 1, 2, \ldots, 2^{n-1}$, on a

$$E(X_{n+1} \mid \mathcal{F}_n) = \sum_{k=1}^{2^{n-1}} \frac{1}{\lambda(A_k^n)} \left(\int_{A_k^n} X_{n+1}\, d\lambda\right) \mathbb{1}_{A_k^n}.$$

On calcule alors $\int_{A_k^n} X_{n+1}\, d\lambda$ en remarquant que quel que soit $k \in \{1, \ldots, 2^n\}$, $A_k^n = A_i^{n+1} \cup A_{i+1}^{n+1}$ pour un certain i. On obtient

$$\begin{aligned}
\int_{A_k^n} X_{n+1}\, d\lambda &= \int_{A_i^{n+1}} X_{n+1}\, d\lambda + \int_{A_{i+1}^{n+1}} X_{n+1}\, d\lambda \\
&= \frac{P(A_i^{n+1})}{\lambda(A_i^{n+1})} \int_{A_i^{n+1}} d\lambda + \frac{P(A_{i+1}^{n+1})}{\lambda(A_{i+1}^{n+1})} \int_{A_{i+1}^{n+1}} d\lambda \\
&= P(A_i^{n+1}) + P(A_{i+1}^{n+1}) = P(A_k^n).
\end{aligned}$$

D'où

$$E(X_{n+1} \mid \mathcal{F}_n) = \sum_{k=1}^{2^{n-1}} \frac{P(A_k^n)}{\lambda(A_k^n)} \mathbb{1}_{A_k^n} = X_n.$$

□

Montrons alors que cette martingale est uniformément intégrale. La martingale est L^1 car $E(|X_n|) = E(X_n) = E(X_1) = 1$. Montrons qu'on a de plus

$$\lim_{c\to\infty} \sup_{n\ge 1} \int_{\{X_n > c\}} X_n\, d\lambda = 0. \qquad \text{(VII.4)}$$

On utilise le fait que P est absolument continue par rapport à λ et plus précisément la propriété de l'absolue continuité suivante :

Propriété (P). *Si la probabilité P est absolument continue par rapport à λ alors, quel que soit $\varepsilon > 0$, il existe $\eta > 0$ tel que $\lambda(A) < \eta \Rightarrow P(A) < \varepsilon$.*

Cette propriété peut se montrer par l'absurde de la façon suivante : supposons l'existence d'un ε strictement positif tel que

$$\forall \eta > 0, \exists A,\ \lambda(A) < \eta \text{ et } P(A) \geq \varepsilon.$$

On peut alors construire une suite d'évènements (A_k) telle que pour tout k

$$\lambda(A_k) < \frac{1}{k^2} \text{ et } P(A_k) \geq \varepsilon.$$

On considère alors l'évènement $A := \limsup A_k = \cap_{n\geq 1} \cup_{k\geq n} A_k$ et on a

- $\lambda(A) = 0$ car $\sum \lambda(A_k) < \infty$ et donc $\lambda(A) = \lambda(A_k \text{ i.s.}) = 0$ (d'après le lemme de Borel-Cantelli, **Théorème IV.3.5**).
- $P(A) \neq 0$. En effet :

$$P(A) = P(\cap_{n\geq 1} \cup_{k\geq n} A_k) = \lim_{n\to\infty} P(\cup_{k\geq n} A_k)$$

et

$$P(\cup_{k\geq n} A_k) \geq P(A_n) \geq \varepsilon.$$

On obtient ainsi la contradiction $\lambda(A) = 0$ et $P(A) \neq 0$, Ceci prouve la propriété (P).
Montrons alors (VII.4). On observe que

$$\int_{\{X_n > c\}} X_n \, d\lambda = P\{X_n > c\}.$$

En effet, en notant $I_n = \{1, \ldots, 2^{n-1}\}$ et $I_n^* = \{k \in I_n,\ P(A_k^n) > c\lambda(A_k^n)\}$, on a

$$\int_{\{X_n > c\}} X_n \, d\lambda = \sum_{k\in I_n^*} \int_{A_k^n} \frac{P(A_k^n)}{\lambda(A_k^n)} \, d\lambda = \sum_{k\in I_n^*} P(A_k^n) = P\{X_n > c\}.$$

De plus, d'après l'inégalité de Markov, $\lambda\{X_n > c\} < \frac{E(X_n)}{c} = \frac{1}{c}$. Donc pour tout ε strictement positif et tout entier n, $P\{X_n > c\} < \varepsilon$ pourvu que c soit suffisamment grand. (supérieur à $\frac{1}{\eta}$ avec les notations de la propriété (P)). Ce qui prouve que la suite (X_n) vérifie (VII.4).
On en déduit alors que (X_n) converge λ-presque sûrement vers une variable aléatoire X qui vérifie $E(X \mid \mathcal{F}_n) = X_n$ pour tout entier n. Or

$$E(X \mid \mathcal{F}_n) = \sum_{k=1}^{2^{n-1}} \frac{1}{\lambda(A_k^n)} \left(\int_{A_k^n} X \, d\lambda \right) \mathbb{1}_{A_k^n}.$$

Il s'ensuit que

$$\forall n \geq 1 \text{ et } \forall\, 1 \leq k \leq 2^{n-1}, P(A_k^n) = \int_{A_k^n} X \, d\lambda.$$

Soit $t \in [0, 1]$. Via le développement dyadique de t, on peut écrire

$$\mathbb{1}_{[0,t]} = \sum_n \mathbb{1}_{A^n_{\sigma(n)}},$$

où les $A^i_{\sigma(i)}$ sont deux à deux disjoints. En prenant l'espérance E' associée à P, on a

$$\begin{aligned} P([0,t]) = E'(\mathbb{1}_{[0,t]}) &= \sum_n E'(\mathbb{1}_{A^n_{\sigma(n)}}), \text{ par convergence dominée} \\ &= \sum_n \int_{A^n_{\sigma(n)}} X \, d\lambda = \int_{[0,t]} X \, d\lambda. \end{aligned}$$

Une probabilité sur $\mathbb{R}$ étant caractérisée par sa fonction de répartition, on en déduit que pour tout borélien A, $P(A) = \int_A X \, d\lambda$. □

VIII

CHAÎNES DE MARKOV (À ESPACE D'ÉTATS DÉNOMBRABLE)

Énoncés

VIII.1 À quelles conditions deux matrices

$$\mathbb{P} = (P_{ij})_{1 \leq i \leq n, 1 \leq j \leq m} \qquad \text{et} \qquad \mathbb{Q} = (Q_{ij})_{1 \leq i \leq m, 1 \leq j \leq n}$$

sont-elles les lois conditionnelles $\mathcal{L}(X \mid Y)$ et $\mathcal{L}(Y \mid X)$ de deux variables aléatoires X et Y prenant respectivement n et m valeurs ? Montrer que si l'on connaît $\mathcal{L}(X \mid Y) = \mathbb{P}$ et $\mathcal{L}(Y \mid X) = \mathbb{Q}$, alors on connaît la loi du couple (X, Y).

VIII.2 Montrer que $(X_0, \ldots, X_n)$ est une chaîne de Markov à valeurs dans un ensemble fini $\mathbb{E}$ si et seulement si il existe des fonctions $g_i : \mathbb{E} \times \mathbb{E} \to [\,0, \infty\,[$, $0 \leq i \leq n-1$, telles que, pour tous $x_0, \ldots, x_n \in \mathbb{E}$,

$$P\{\, X_0 = x_0, \ldots, X_n = x_n \,\} = g_0(x_0, x_1) g_1(x_1, x_2) \ldots g_{n-1}(x_{n-1}, x_n) \,.$$

VIII.3 Sur l'ensemble fini $\mathbb{E} = \mathbf{Z}/m\mathbf{Z}$, on considère la chaîne $(X_n)_{n \geq 0}$ de générateurs $P_{i,i+k} = P_{i,i-k} = 1/2$, $P_{i,j} = 0$ sinon, où $1 \leq k < m$. Pour quelles valeurs de m et k la chaîne est-elle récurrente irréductible ? Donner, dans tous les cas, ses classes de récurrence et la mesure invariante de ses classes. Lorsque la chaîne est récurrente irréductible, déterminer quand elle est apériodique. Montrer que l'on peut réaliser la chaîne $(X_n)_{n \geq 0}$ sous la forme $X_{n+1} = f(X_n, \varepsilon_n)$ avec une fonction f et une suite $(\varepsilon_n)_{n \geq 0}$ de variables aléatoires dans $\{\,-1, +1\,\}$ que l'on déterminera.

VIII.4 Soit $(X_n)_{n\geq 0}$ une chaîne de Markov à espace d'états fini, de matrice de transition P_{ij} avec $P_{ij} > 0$ pour tout couple (i, j). On suppose que $X_0 = i$ p.s. et l'on choisit $j \neq i$. Soit

$$T = \inf\{\, n \geq 1 \,:\, X_n = j \,\}\,.$$

Démontrer qu'il existe $\rho \in]\,0, 1[$ tel que $P\{\, T > n \,\} \leq \rho^n$ pour tout $n \geq 1$.

VIII.5 Soit $(V, \mathcal{E})$ un graphe connexe non orienté d'ensemble de sommets fini V et d'ensemble d'arêtes $\mathcal{E} \in V \times V$. On associe à chaque arête (i, j) un poids $w_{i,j} = w_{j,i} > 0$ et l'on pose $w_i = \sum_j w_{i,j}$. Déterminer la mesure invariante de la chaîne de Markov sur V de matrice de transition $P_{i,j} = w_{i,j}/w_i$.

Solutions

VIII.1 On peut considérer que les variables X et Y sont respectivement à valeurs dans $\{1,\ldots,m\}$ et $\{1,\ldots,n\}$ avec $P\{X=i\}\neq 0$ et $P\{Y=i\}\neq 0$ quel que soit i.
Si $\mathbb{P}$ et $\mathbb{Q}$ représentent les lois conditionnelles $\mathcal{L}(X \mid Y)$ et $\mathcal{L}(Y \mid X)$, alors :

$$P\{X=j \mid Y=i\} = \frac{P\{X=j\cap Y=i\}}{P\{Y=i\}} = \frac{P\{Y=i \mid X=j\}P\{X=j\}}{P\{Y=i\}}$$

et si on note $(a_1,\ldots,a_m)$ la loi de X et $(b_1,\ldots,b_n)$ la loi de Y, on obtient :

$$P_{i,j} = Q_{i,j}\,\frac{a_j}{b_i}. \qquad \text{(VIII.1)}$$

L'existence de vecteurs $(a_1,\ldots,a_m)$ et $(b_1,\ldots,b_n)$ vérifiant (VIII.1) avec $a_i\geq 0$, $b_i\geq 0$ et $\sum a_j = \sum b_i = 1$ est une condition nécessaire et suffisante pour que $\mathbb{P}$ et $\mathbb{Q}$ représentent les lois conditionnelles $\mathcal{L}(X \mid Y)$ et $\mathcal{L}(Y \mid X)$.
La loi d'un tel couple (X,Y) est alors donnée par :

$$P\{X=j\cap Y=i\} = P_{j,i}\,b_j.$$

VIII.2 Si $(X_0,\ldots,X_n)$ est une chaîne de Markov, alors par conditionnement successifs et en utilisant la propriété de Markov, on obtient la relation :

$$P\{X_0=x_0,\ldots,X_n=x_n\} = g_0(x_0,x_1)g_1(x_1,x_2)\ldots g_{n-1}(x_{n-1},x_n). \qquad \text{(VIII.2)}$$

Réciproquement, montrons que si (VIII.2) est vérifiée, alors $(X_0,\ldots,X_n)$ est une chaîne de Markov.
On remarque d'abord que pour trois variables aléatoires X,Y,Z vérifiant

$$\forall x,y,z,\ P\{X=x,Y=y,Z=z\} = f(x,y)g(y,z),$$

on a

$$P\big\{Z=z \mid \{X=x,Y=y\}\big\} = P\{Z=z \mid Y=y\}, \qquad \text{(VIII.3)}$$

lorsque $P\{X=x,Y=y\}\neq 0$. En effet :
d'une part, $P\{X=x,Y=y\} = f(x,y)\big(\sum_z g(y,z)\big)$, d'où

$$P\big\{Z=z \mid \{X=x,Y=y\}\big\} = \frac{f(x,y)g(y,z)}{f(x,y)\big(\sum_z g(y,z)\big)} = \frac{g(y,z)}{\sum_z g(y,z)},$$

et, d'autre part,

$$P\{Y=y\} = \sum_{x,z}\big(f(x,y)g(y,z)\big) = \left(\sum_x f(x,y)\right)\left(\sum_z g(y,z)\right).$$

Ainsi

$$P\{Z = z \mid Y = y\} = \frac{\left(\sum_x f(x,y)\right)g(y,z)}{\left(\sum_x f(x,y)\right)\left(\sum_z g(y,z)\right)} = \frac{g(y,z)}{\sum_z g(y,z)},$$

et la relation (VIII.3) est établie.
On applique alors cette propriété aux variables

$$X = (X_0, \ldots, X_{n-2}), \quad X_{n-1} = Y, \quad X_n = Z$$

pour obtenir

$$P\Big\{ X_n = x_n \mid \bigcap_{0 \le j \le n-1} \{X_j = x_j\} \Big\} = P\{X_n = x_n \mid X_{n-1} = x_{n-1}\}.$$

On procède de la même façon pour le vecteur $(X_0, \ldots, X_{n-1})$ puisque il vérifie

$$P\{X_0 = x_0, \ldots, X_{n-1} = x_{n-1}\} = g_0(x_0, x_1) \ldots g_{n-2}(x_{n-2}, x_{n-1}) h_{n-1}(x_{n-1}),$$

où on a posé $h_{n-1}(x_{n-1}) = \sum_{x_n} g_{n-1}(x_{n-1}, x_n)$. Cette relation est du type (VIII.2) et on peut donc « passer de n à $n-1$ » et ainsi de suite. La suite $(X_0, \ldots, X_n)$ est donc une chaîne de Markov. □

VIII.3 Un point de $\mathbb{E} = \mathbb{Z}/m\mathbb{Z}$ communique avec les points qui lui sont « distants » de k. Ainsi, le point i communique avec tous les points $i + j\,k \bmod (m)$ où $j \in \mathbb{Z}$. Pour qu'il communique avec ses voisins proches, $i+1$ et $i-1$, il faut que

$$\text{il existe } j \text{ et } j' \in \mathbb{Z}, \; i + k\,j = i + 1 + j'\,m,$$
$$\text{c'est-à-dire } k\,j - j'\,m = 1.$$

D'après l'identité de Bezout, m et k sont nécessairement premiers entre eux. Et cette condition est aussi suffisante pour que le point i communique avec tous les points de $\mathbb{Z}/m\mathbb{Z}$. Donc

La chaîne est irréductible si et seulement si m et k sont premiers entre eux.

Dans ce cas, l'espace d'états étant fini, la chaîne est irréductible et récurrente. Dans ce cas, on peut voir que l'unique probabilité invariante est la loi uniforme sur $\mathbb{E}$ car $(1, \ldots, 1)\mathbb{P} = (1, \ldots, 1)$.
Pour savoir si elle est apériodique, il suffit, d'après le Théorème VIII.6.6, d'étudier les valeurs propres de module 1 de la matrice de transition $\mathbb{P}$. On

introduit alors la matrice, notée C, de la permutation circulaire $\left(\begin{smallmatrix}1 & 2 & \cdots & m\\ 2 & 3 & \cdots & 1\end{smallmatrix}\right)$:

$$C = \begin{pmatrix} 0 & \dots & . & 0 & 1 \\ 1 & 0 & \dots & . & 0 \\ 0 & 1 & 0 & \dots & \\ \vdots & & \ddots & & \vdots \\ 0 & \dots & . & 1 & 0 \end{pmatrix}.$$

Les puissances n-ième de C se calculent aisément et la matrice $\mathbb{P}$ s'écrit $\mathbb{P} = \frac{1}{2}(C^{m+1-k} + C^{m+1+k})$.
La matrice C est diagonalisable et est semblable à

$$\mathrm{diag}(1, \alpha, \dots, \alpha^{m-1}),$$

où $\alpha := e^{2i\pi/m}$, (le polynôme caractéristique de C étant $(-1)^m(X^m - 1)$).
La matrice $\mathbb{P}$ est donc semblable à

$$\mathrm{diag}\left(1, \frac{1}{2}\left(\alpha^{m+1-k} + \alpha^{m+1+k}\right), \dots, \frac{1}{2}(\alpha^{(m-1)(m+1-k)} + \alpha^{(m-1)(m+1+k)})\right).$$

Pour que la valeur propre $\frac{1}{2}(\alpha^{j(m+1-k)} + \alpha^{j(m+1+k)})$ soit de module 1, il faut et il suffit que $\alpha^{j(m+1-k)} = \alpha^{j(m+1+k)}$, c'est-à-dire $\alpha^{2kj} = 1$.

– Cas où m est impair :

on a $(\alpha^{kj})^2 = 1$ et, α^{kj} étant une racine m-ième de l'unité, on a $\alpha^{kj} = 1$. La racine α^j est d'ordre un diviseur de k (dans le groupe des racines m-ième de l'unité). Or k et m sont premiers entre eux, donc $\alpha^j = 1$ et 1 est la seule racine de $\mathbb{P}$ de module 1. D'où :

si k et m premiers entre eux et m impair, la chaîne est irréductible, récurrente et apériodique.

– Cas où m est pair :

le cas $m = 2$ se traite à part : la matrice $\mathbb{P}$ vaut $\left(\begin{smallmatrix}1/2 & 1/2\\ 1/2 & 1/2\end{smallmatrix}\right)$ et la seule valeur propre de module 1 est évidemment 1.

Si $m \geq 4$, observant que α^k est un générateur du groupe des racines m-ième de 1, il existe un entier j tel que $\alpha^{kj} = -1$ avec $\alpha^j \neq -1$. Pour un tel j, la valeur propre de $\mathbb{P}$:

$$\frac{1}{2}(\alpha^{j(m+1-k)} + \alpha^{j(m+1+k)}) = -\alpha^j$$

est différente de 1. D'où l'existence d'une valeur propre de $\mathbb{P}$ distincte de 1 et de module 1.

D'où la conclusion :

la chaîne est irréductible, récurrente et apériodique si et seulement si k et m premiers entre eux avec $m = 2$ ou m impair. La loi limite est alors la loi uniforme sur $\mathbb{E}$.

Lorsque m et k ne sont pas premiers entre eux et que $d = \mathrm{PGCD}(m,k)$, le nombre de classes est d où dans chaque classe le nombre d'éléments est m/d. À l'intérieur de chaque classe, la matrice de transition est du type de $\mathbb{P}$ où m et k sont respectivement remplaçés par m/d et k/d.

En identifiant $\mathbb{Z}/m\mathbb{Z}$ à l'ensemble des racines m-ième de l'unité, noté $\mathbb{U}_m$, si (ε_n) est une suite de variables aléatoires indépendantes définies sur $(\Omega, \mathcal{A}, P)$ à valeurs dans $\{-1, 1\}$ et si X_0 est une variable aléatoire définie sur le même $(\Omega, \mathcal{A}, P)$ à valeurs dans $\mathbb{U}_m$, alors la suite (X_n) définie par

$$X_{n+1} = X_n \, e^{\varepsilon_n \frac{2ik\pi}{m}}$$

est une chaîne de Markov de matrice de transition $\mathbb{P}$.

VIII.4 Dans tout l'exercice les entiers i et j sont deux entiers fixés distincts. On pose

$$\alpha_k = \sum_{l \neq j} P_{k,l}.$$

Étant donné que les coefficients de la matrice stochastique $\mathbb{P}$ sont tous strictement positifs on a, d'une part $0 < \alpha_k < 1$ pour tout k et, d'autre part, $0 < \max_k \alpha_k < 1$. On pose alors $\rho = \max_k \alpha_k$.
On va montrer par récurrence sur n que $P_i\{T > n\} \leq \rho^n$ pour tout $n \geq 1$.
Pour $n = 1$, on écrit :

$$\{T > 1\} = \{X_1 \neq j\} \quad \text{d'où} \quad P\{T > 1\} = \alpha_i \leq \rho.$$

On suppose alors la propriété vérifiée pour un entier $n \geq 1$. Observant que

$$\{T > n+1\} = \{T > n\} \cap \{X_{n+1} \neq j\},$$

on conclura en utilisant un conditionnement par la tribu $\mathcal{F}_n$:

$$\begin{aligned}
P_i\{T > n+1\} &= E_i\left(\mathbb{1}_{\{T>n\}}\mathbb{1}_{\{X_{n+1}\neq j\}}\right)\\
&= E_i\left(E\left(\mathbb{1}_{\{T>n\}}\mathbb{1}_{\{X_{n+1}\neq j\}} \mid \mathcal{F}_n\right)\right)\\
&= E_i\left(\mathbb{1}_{\{T>n\}}E(\mathbb{1}_{\{X_{n+1}\neq j\}} \mid \mathcal{F}_n)\right) \quad \text{car } \mathbb{1}_{\{T>n\}} \in \mathcal{F}_n\\
&= E_i\big(\mathbb{1}_{\{T>n\}}\sum_k \alpha_k \mathbb{1}_{\{X_n=k\}}\big) \quad \text{par la propriété de Markov}\\
&\leq E_i\big(\mathbb{1}_{\{T>n\}}\sum_k \rho\mathbb{1}_{\{X_n=k\}}\big) = E_i(\mathbb{1}_{\{T>n\}}\rho) \leq \rho.\rho^n = \rho^{n+1}.
\end{aligned}$$

□

VIII.5 Le fait que le graphe soit connexe implique que la chaîne de Markov est irréductible. On pose

$$w = \sum w_i \quad \text{et} \quad \mu_i = \frac{w_i}{w}.$$

On vérifie alors que μ est la probabilité invariante en vérifiant que ${}^t\mathbb{P}\,\mu = \mu$. En effet, pour tout i, on a :

$$\left({}^t\mathbb{P}\,\mu\right)_i = \sum_j P_{j,i}\,\mu_j = \sum_j \frac{w_{i,j}}{w_j}\,\mu_j = \sum_j \frac{w_{i,j}}{w_j}\frac{w_j}{w} = \frac{w_i}{w} = \mu_i.$$

□

numérique

Impression & brochage - France
Numéro d'impression : N04545221005 - Achevé d'imprimer : novembre 2022
Dépôt légal : novembre 2022

IMPRIM'VERT®

PEFC 10-31-3532 / Certifié PEFC / Ce produit est issu de forêts gérées durablement et de sources contrôlées. / pefc-france.org